现代纺织工程技术丛书

特种印花

王雪燕　赵　川　任　燕　编著

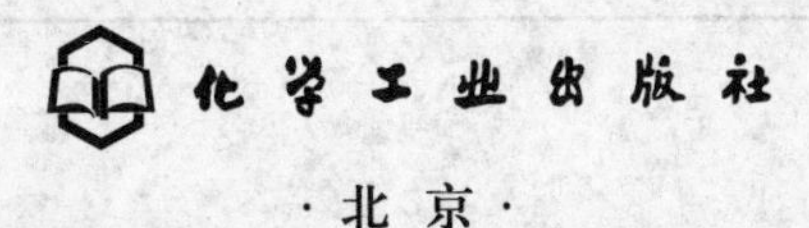

·北　京·

本书系统介绍了各种特种印花的方法、原理、工艺流程、工艺特点、技术要求等，包括光泽印花、隐影动态印花、光敏印花及易去除印花、多色微点印花及多色流淋印花、喷射印花、转移印花、金属箔转移印花、植绒转移印花、发泡印花和起绒印花、烧拔印花和防烧拔印花、凹凸立体印花、仿真印花、消光印花、气息印花等。内容丰富，技术先进。

本书可作为印染专业本科、专科学生学习印花知识的专业课教材；还可作为印花工作技术人员的案头工具书，对其解决生产中遇到的实际问题提供理论和技术指导；并对企业开发印染新工艺、印花新产品及提高产品质量有一定参考价值。

图书在版编目（CIP）数据

特种印花/王雪燕，赵川，任燕编著．—北京：化学工业出版社，2014.7
（现代纺织工程技术丛书）
ISBN 978-7-122-20571-1

Ⅰ．①特… Ⅱ．①王…②赵…③任… Ⅲ．①织物—印花 Ⅳ．①TS194.64

中国版本图书馆 CIP 数据核字（2014）第 088156 号

责任编辑：崔俊芳　　文字编辑：颜克俭
责任校对：边　涛　　装帧设计：关　飞

出版发行：化学工业出版社（北京市东城区青年湖南街 13 号　邮政编码 100011）
印　　刷：北京永鑫印刷有限责任公司
装　　订：三河市宇新装订厂
710mm×1000mm　1/16　印张 12½　字数 243 千字　2014 年 9 月北京第 1 版第 1 次印刷

购书咨询：010-64518888（传真：010-64519686）　售后服务：010-64518899
网　　址：http://www.cip.com.cn
凡购买本书，如有缺损质量问题，本社销售中心负责调换。

定　　价：49.00 元

前 言

特种印花是指通过使用一些特殊的方法、技术和特殊的材料，借助一定的助剂和设备，在织物上印制出具有某种特殊效果的花纹图案的印花方法。纺织品经过特种印花后能获得常规印花达不到的视觉、触觉和嗅觉效果，这种特种印花纺织品给人以耳目一新的感觉，深受消费者喜爱。特种印花纺织品具有风格独特、美观新颖的特点，是技术和艺术的结合品，该类产品不仅能美化人们的生活，为人们的生活增添绚丽的色彩和高雅的艺术享受；而且能提升产品档次，为企业创造更大的利润空间。因此特种印花产品有很好的发展前景。

虽然目前有关印花方面的书籍已有出版，但系统介绍特种印花的书籍却仍是市场空白。此书适合轻化工程专业学生学习新颖特种印花的专业知识，使学生对特种印花技术有更广泛、更深入的了解，开阔学生眼界，拓宽学生的专业知识面，为将来学生开发新颖印花产品提供理论依据，为学生今后走向工作岗位打下坚实的基础。本书系统介绍的特种印花知识吸收了近代科学技术，内容丰富，具有一定的先进性。同时该书对企业开发印花新工艺、新产品，提高产品档次和质量有一定参考价值。

本书系统介绍了各种特种印花的方法、原理、工艺流程、工艺特点、技术要求等，共分为15章。第一章至第四章、第六章至第十章由王雪燕编写，第五章由赵川编写，第十一章至第十五章由任燕编写。全书由王雪燕整理完成。

本书出版得到广东省高要市振雄纺织有限公司的支持，在此表示衷心的感谢。

本书在编写过程中查阅并参考了许多专业书籍、专业期刊，并在网上收集了许多特种印花图片，谨向这些作者和单位表示衷心感谢。

随着科学技术的发展、新材料的出现，新的特种印花技术和方法还将不断产生，特种印花范畴将不断扩大，因此特种印花的内容还有待于今后进一步不断充实。

由于水平有限，本书不妥和疏漏之处在所难免，望广大读者提出宝贵意见，并批评指正。

编著者

2014年2月11日

目 录

绪 论

一、印花概述

印花是通过一定的方式将染料或涂料印制到织物上特定的部位，并形成花纹图案的方法。通常在印花前需调制印花色浆，印花色浆是由染料或涂料等着色剂、增稠剂及合适助剂组成。印花一般是借助印花设备及花网或花筒，将印花色浆中的染料或涂料以花纹图案的形式印到纺织品（或其他材料）上，再经适当固色后处理，使印花色浆中的染料渗透到纤维内部，并与纤维发生牢固结合，最后再经水洗等后处理过程，去除材料上的浮色、增稠剂等，进而得到色泽鲜艳、花纹轮廓清晰、色牢度良好的印花产品。因此要生产出高质量的印花产品，一定要考虑很多方面，主要包括图案设计、印花设备的确定、印花花网或花筒的制备、色浆调制、印花工艺方法选择、花网排列、印花工艺实施、工艺条件确定以及印花后处理加工等工序的确定。

印花属于局部染色（local dyeing），它是一种古老的工艺，普通印花仅局限于在织物上形成没有特殊效果的花纹图案，一般仅为静态的、平面的、无强烈光泽效果的花纹图案。印花产品上必须有一定图案的花纹，好的印花产品是一种技术与艺术相结合的特殊产品，其不仅具有服用价值，美化人们生活，而且还具有欣赏价值。印花产品在服装、服饰、装饰等方面有广泛的应用。随着人们生活水平的提高，印花效果不仅仅局限于获得静态的、平面的、光泽的常规花纹效果，人们还要不断地追求新颖别致的印花效果，如动态的、立体的、强光泽的特殊印花效果。这些具有特种印花效果的产品能进一步提升产品的档次，提高产品的价值，更好地服务于人类，因而特种印花产品更受到人们的喜爱。随着近代科学技术的迅速发展，为开发特种印花产品提供了保证，近年来，特种印花产品在不断扩大，应用越来越广泛。

二、特种印花定义

特种印花（special printing）是指用一些特殊的方法和技术、特殊的材料，借助一定的助剂（包括专用原糊）和设备，在织物上印制具有某种特殊效果的花纹图案的印花方法。特种印花纺织品是具有特殊印花效果纺织品的统称。一般可以在各种织物（纤维或其他材料）上进行特种印花，使织物获得超常规的别致印花效果。特种印花纺织品能给服用者以视觉、触觉和嗅觉上的享受，给人以耳目一新的感觉。例如，在纺织品上印制能随环境条件改变而发生变色的花纹、或能反射出珍贵耀眼光芒（如珠光印花）的花纹，或能仿印某种物质的外观，使其具有立体感很强的逼真效果的花纹（如仿麂皮印花、发泡印花、起绒印花），又或是能散发出某种迷人香气的花纹等。由于特种印花纺织品具有风格独特、美观新颖的特点，因而深受人们的青睐，该类产品为人们的生活增添了绚丽的色彩和高雅的艺术享受。

特种印花按印花工艺论，绝大多数属于直接印花；按印花色浆论，绝大多数相似于涂料印花色浆，因此特种印花工艺并不复杂，但它所使用的具有特殊效果的材料、色浆调制以及印花工艺控制的技术含量较高，要生产高质量的特种印花产品，技术难度比普通印花大。

三、特种印花范畴

特种印花范畴很广，其不同于普通印花，一般包括以下范畴。

1. 光泽印花（gloss printing）

能使织物印花部位产生珠光宝气或金银首饰般雍容华贵、富丽堂皇的闪烁光芒，营造出别致、高雅、悦目的视觉效果。包括金光印花、银光印花、珠光印花、宝石（钻石）印花、金属箔印花等，也称仿珍印花。

2. 动态印花（dynamic printing）

在织物表面能产生动态花纹效果，花纹图案能产生忽隐忽现、忽明忽暗、变幻无穷的动态效果，包括变色印花、夜光印花、浮水映印花、反光涂料印花等，也称为隐影印花。

3. 立体印花（3D printing）

获得立体花纹效果的途径很多，包括：通过适当印花方式能获得仿某种物质外观的、三维立体感很强的逼真花纹效果，如仿蛇皮、仿虎皮、仿鹿皮、仿麂皮、仿植物的茎、叶等效果的印花，又称为仿真特种印花；以及改善外观和手感的其他三维立体特种印花，如静电植绒印花、发泡印花、起绒印花、烂花印花、仿烂花印花等；或利用纺织品纤维材料的某种性能，选用合适的助剂，调制成特殊的印花色浆，使纺织品表面产生局部剧烈收缩、剧烈溶胀、毡缩、起毛等现象，从而在织物表面获得立体的花纹效果，如泡泡纱印花、浮纹印花、浮雕印花等。此外，还可以利用特殊的设备，在丰厚织物上采用局部压花、花式剪毛等方式获得具有立体感的花纹图案。

4. 气息印花（fragrance printing）

采用含有特殊香精微胶囊的印花色浆对织物进行印花，获得香味印花产品，该类印花产品不仅给人以视觉的享受，而且给人以嗅觉享受，使人有身临其境的感觉，所以称为气息印花。除了香味印花之外，气息印花产品也可以散发出其他大自然的气息。

此外，本书将利用特殊设备、特殊方法进行的印花也列为特种印花范畴，如转移印花、喷墨印花、多色微点印花、多色流淋印花、晕纹印花、渲染印花、影子印花等。

目前用于服装的特种印花大约有 80～100 种。随着科学技术进步，特种印花新产品将不断被开发出来，并不断完善。根据特种印花的发展和特殊效果的归类，大致可分为以下几大类，见表 0-1。本书结合近代科学发展技术和工厂实际生产实例，系统介绍各种特种新颖印花的方法、原理、工艺特点、技术难点及要求。

表 0-1 特种印花的分类

项　目	细　类
气息印花	香味印花
立体特种印花	发泡印花、起绒印花、静电植绒印花、烂花印花、防烧拔印花、仿烧拔印花、透明印花、浮雕印花、浮纹印花、泡泡纱印花
仿珍特种印花	珠光印花、宝石印花、金光印花、银光印花
仿真特种印花	仿皮印花（仿鳄鱼皮、仿虎皮、仿蛇皮）、仿植物印花（仿树皮、仿茎、仿叶、仿花）
隐影动态特种印花	变色印花（热敏、光敏、湿敏）、夜光印花、消光印花、浮水映印花、回归反射印花、水写乳白印花
其他特种印花	易去除印花、牛仔布拔染印花、起皱印花、彩色闪光片印花、纳米涂料印花、荧光涂料印花、晕纹印花、影子印花、扎染、蜡染印花
特种印花方法、设备	多色微点印花、多色流淋印花、转移印花、喷墨印花等

第一章 光泽印花（仿珍印花）

自古以来，由于珍珠、钻石、宝石、金和银等具有独特的光芒，其作为珍贵饰品深受人们的喜爱。光泽印花就是将具有珠光宝气和金银首饰般光芒的特种材料与服装面料有机地结合起来，使织物表面产生华贵耀眼、具有闪烁光芒的花纹。光泽印花主要包括宝石印花、金光印花、银光印花、珠光印花等，由于这类印花纺织品表面能散发出珍贵的光芒，所以又称为仿珍印花，这种印花是提高纺织品附加值的一种特种印花方法。

本章重点介绍钻石印花、金光印花、银光印花、珠光印花等。

第一节 钻石印花

一、钻石简介

钻石十分稀少、珍贵，其价格昂贵。在开采钻石矿时，平均要开采大约 20 多吨的矿石，才能获得 0.2g 左右的钻石原矿，再经过多道加工工序，才能生产出具有独特钻石光芒的钻石饰品，钻石有着“宝石之王”的美誉，一直是极为珍贵的饰品。钻石具有五颜六色、艳丽夺目的迷人光芒，其质地高雅，被视为权利、威严、富有、高贵的象征，并被人们视为圣洁之物，为人们所钟爱（图 1-1)。

二、钻石印花的特点及意义

图 1-1 钻石

钻石印花产品花纹图案处具有钻石般的珍贵光芒，其色泽的深度及亮度随着光源或观察角的改变而不断变化，产生出独特的华丽光芒，使产品成为珍贵、高雅的面料，提升产品的档次。

三、钻石印花的原理

钻石印花所用的具有钻石光芒的特殊材料不是天然钻石，其原因为：①由于天然钻石十分稀少，价格昂贵；②天然钻石很难研磨成能用于印花的细粉，而且一旦研磨成细粉，其光芒将大大减弱；③天然钻石不耐高温。钻石印花材料通常选择一种成本较低并能发出近似天然金刚钻石光芒的微形反射体物质，一般为二氧化锆扁平微形反射晶体；将其加入到印花色浆中，然后采用涂料直接印花的方法，将其印制在织物上，就可获得具有钻石光芒的印花效果。

钻石印花粉为一种具有近似金刚钻石光芒的微型反射体，该微形反射体表面光滑如镜面，外观为整齐的扁平体，与“银粉”相似，因此具有钻石的异色效应和分光作用，用这种微形反射体调制成印花色浆，由于微形反射体密度大，在色浆中不上浮，当色浆以一定厚度印制在织物上时，微形反射体多层次地平行排列在织物上的浆膜中，即钻石印花粉处于印花浆膜不同位置，当反射光穿过浆层厚度不同，反射光强度不同，光芒不同，光线对外层的微形反射体反射光强，色泽浅，而光对内层微形反射体反射光强度减弱，色泽增强（图 1-2）。此外，当入射光方向和观察视角发生变化时，印花图案部分的光芒和色泽也会发生变化，当入射光为 90°时，反射光最强，亮度最大，而色泽最浅；当入射光角度逐渐增大（大于 90°，小于 180°），反射光亮度逐渐减弱，而色泽逐渐增强；当入射光与微形反射扁平体层平行时，闪烁的光芒消失，此时色泽最强。因此钻石印花产品花纹图案上的光芒和色泽随入射光方向和观察视角方向不同而发生变化，具有绚丽多彩的钻石般光芒。当入射光的方向改变时，其光亮度和色泽强弱呈反比现象变化。当光照射时，能在各个角度产生强烈的反射光并在光的边缘出现彩虹状的美丽光芒，呈现出

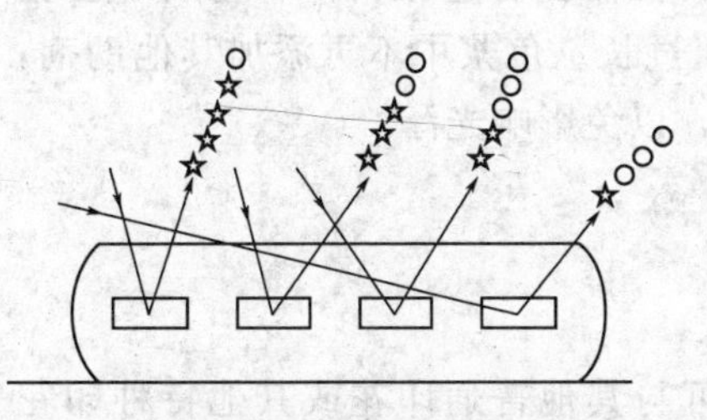

图 1-2 钻石印花织物表面的光泽与色泽
☆代表光泽；○代表色泽

从红到蓝波段的各种色泽，对日光产生分光作用。因此钻石印花产品的印花部位具有钻石的独特光芒效果。

四、钻石印花色浆的组成

钻石印花色浆中一般含有微形反射体、保护物质、固色交联剂、渗透剂、催化剂等。此外，也可加入着色涂料或染料。

1. 商品钻石印花色浆组成及其作用

(1) 钻石印花 S 浆　主要成分为微形反射体（发光体），还有保护剂和稀释剂等，其作用是使微形反射体能均匀稳定地分散在浆液中。

(2) 钻石印花 F 浆　主要成分为保护剂和胶黏剂，使微形反射体能牢固地固着在织物上，提高印花织物的色牢度。

(3) 固色交联剂 M　主要作用是增强微形反射体、着色剂与纤维之间的结合力，提高印花产品色牢度。

(4) 催化剂 U　促进反应型胶黏剂或交联剂的交联反应，提高色牢度。

(5) 着色涂料或染料　目的是改进钻石印花效果，使印花部位不仅有钻石光芒，而且还显示一定色泽。

(6) 渗透剂等其他助剂　改进印花效果。

2. 钻石印花浆配制

钻石印花 S 浆	10g
钻石印花 F 浆	60g
固色交联剂 M	10g
催化剂 U	20g
着色涂料或染料	适量
渗透剂	适量
乳化糊	调节黏度
合计	1000g

上述各类助剂需在搅拌下依次加入 S 浆中，并混合均匀，浆液调制完成后，应过滤使用，如果印制涤纶织物，可以用分散染料代替着色涂料，着色效果会更好。钻石印花色浆最好现配现用，不要搁置时间过长。色浆中不再添加其他助剂，如果黏度不合适，只能用水或油/水乳化糊调节，以免影响光泽。

五、钻石印花工艺与设备

1. 钻石印花工艺流程

钻石印花采用普通涂料直接印花工艺，也可与其他普通印花或其他特种印花配合，进行共同印花。其工艺流程为：印花→烘干→焙烘（165℃，3min 或 180℃，1min，焙烘条件应与胶黏剂种类相匹配）→成品。

2. 印花设备

钻石印花可在平网印花机、圆网印花机、滚筒等印花机及转移印花机上进行。

3. 钻石印花适合品种

钻石印花纺织品主要用作装饰品和服装用品等，钻石印花理论上适合任意品种的织物，但为了突出钻石光芒，钻石印花特别适合于印制在黑色、墨绿色、紫红色等深色不平整的织物上，如天鹅绒布或平绒布上，这样入射光在非印花处被强烈地吸收或漫反射，而在印花处被强烈地反射，形成很大反差，从而更突出钻石光芒。彩图 1 为一种钻石印花面料。

六、钻石印花的技术难点及措施

使印花织物获得持久性的钻石光芒、良好的色牢度及柔软的手感是钻石印花需考虑的技术难点。因为获得持久的钻石光芒、确保印花材料与纤维材料牢固固着，以及保证钻石印花产品柔软的手感是促进其实用化的基础，因此钻石印花中应注意以下技术问题，并采取相适宜的措施。

1. 控制好微形反射体的形态和长度

微形反射体的形态、尺寸对印花效果影响很大，若尺寸过大，透网性差，印花织物手感硬，色牢度差；而尺寸太小，图案光芒降低，甚至消失。一般微形反射体为扁平镜面体，其较适宜的尺寸规格为：长度 $100\mu m$ 左右，厚度 $1.5\sim2\mu m$，长度与厚度之比为（50～70）：1。这种尺寸的微形反射体钻石粉反射光强，有很好的分光作用。此外，微形反射体在外包覆的浆膜层内应能够呈水平方向多层次排列并固着。

2. 微形反射体的保护

由于微形反射体一般为二氧化锆扁平微形反射晶体，微形反射体在存放中易被氧化，而且不耐酸和碱，导致仿珍印花产品的光泽及光芒不够持久，因此必须对微形反射体表面采取保护措施。实践证明，微形反射体采用二级保护较合适。第一级保护用不饱和的长链脂肪酸膜，第二级保护用透明度好、强度高、成膜柔软的多元共聚的高分子物质。在其表面覆盖的无色透明膜能抑制微形反射体表面被氧化，进而使钻石印花产品的光芒效果的持久性延长。

3. 强化微形反射体与织物间的固着

印花后织物的色牢度太差将失去实用价值，保证印花产品色牢度的关键技术就是要强化微形反射体与织物间的固着。但由于微形反射体表面积大，易受外力冲击，固着困难；另外微形反射体遇水不溶胀，而保护膜、织物遇水溶胀程度不同，这种不一致的溶胀现象导致潜在的不稳定因素。因此为了强化微形反射体与织物间的固着，必须采取一定措施。通常采用的措施有：使用反应型胶黏剂及交联剂在织物表面形成保护膜将微形反射体包覆起来；或使用能调整微形反射体、保护膜、织物三者之间遇水溶胀幅度的物质，降低这种潜在不稳定因素。

4. 钻石印花应注意的其他工艺问题

为防止堵网，印花丝网网目数应大小合适，一般选择60～80目左右（23.6～31.5网孔数/cm）；印花色浆中胶黏剂应具有成膜柔软、透明度高的特点；色浆应选择遮盖力强的彩印印花浆；色浆中不加电解质，以免影响色浆的稳定性，或影响印花图案的光泽；印花台板采用冷板；为了不影响印花图案光泽，钻石印花色浆最后印制。

七、宝石印花

宝石印花所用的宝石粉通常为氧化铝薄膜包覆在二氧化钛微粒上所形成的一种材料，由于此两种金属氧化物折射率差异大，对光线有很强的折射、反射效果，在光的照射下能反射出几种不同色泽的强烈光芒，而且入射光强度和方向不同，观察视角不同，反射光芒呈现不同色相，其色调有动态优雅之感，犹如宝石光芒。宝石印花可采用普通涂料直接印花工艺。先调制宝石印花色浆，即将具有宝石光芒的人造包覆材料粉末加入到含有胶黏剂的罩彩印印花色浆中，制成稳定的印花色浆，然后借助一定的印花设备和花网，将这种特殊的宝石粉以花纹图案的形式印制到织物上。

宝石印花一般都在有地色的织物上印花，印花色浆要用遮盖力强的罩彩印印花色浆，一般不与色涂料拼混使用，否则会影响发光效果。宝石印花色浆配方如下：

宝石发光粉	15～30g
罩彩印印花浆	70～85g
罩印白浆	0～20g
合成	100g

印花色浆组成不同、各成分粒径大小及其分布不同，色浆对光的吸收率、反射率、折射率不同，进而影响色浆对地色的遮盖力能力。强遮盖力的彩印印花浆中需加入一种透明的体质颜料作为粉底，以遮盖地色，常用铝化合物或钙化合物，如硅酸铝作为粉底能遮盖地色，同时不影响彩浆中的染料或涂料的色泽。在彩印基本色浆中还需要再加入合适的分散剂、有色颜料、胶黏剂，即制成遮盖力强的罩彩印印花色浆。罩印白浆是由两种不同晶型混合的钛白粉、胶黏剂、分散剂及增稠剂组成。

宝石印花工艺过程：印花→烘干→焙烘固色（130℃，1～3min）。

宝石印花织物与钻石印花织物相似，印花部位随入射光强不同、观察者视角不同，显示不同光泽和色泽，具有华丽的宝石光芒。其印花技术难点及解决措施同钻石印花。

第二节 金光印花

一、金光印花的特点及意义

黄金是财富和尊贵的象征，其具有独特的豪华光芒，可制成人们喜爱的各种珍贵首饰。将黄金的光芒移植到纺织品上，很早就是人们的一种追求。金光印花就是将黄金粉或将一种价格相对较低且具有类似黄金光泽的材料印制在纺织品上，使印花纺织品获得金光闪闪、富丽堂皇、雍容华贵的效果。开发金光印花产品不仅提高产品档次，而且给人以美的享受，很有意义。

二、金光印花的发展

早在中世纪时代，金光印花使用纯金粉印花，这是第一代真正的金光印花，但纯金粉印花价格昂贵，如今早已不再使用。金子总会发光，但发光的物质不一定都是金子，因此可以使用价格相对低廉并具有类似金光的材料来代替真正的黄金，印制出具有黄金光芒的印花产品，由此出现了第二代金光印花。第二代金光印花采用具有类似黄金光泽的金属材料，较早使用的“金粉”是由80%～85%的铜和15%～20%的锡组成的合金，称为青铜或古铜（bronze），由于其存在光泽耐久性差及硬度不够等问题，需添加少量磷、锌或铅。目前使用最多的第二代“金粉”是铜锌合金粉，由60%～80%的铜和20%～40%的锌组成的合金，称为黄铜（brass）。铜锌比例不同，色泽不同。由于第二代金光印花存在金属表面易被氧化，表面光泽不持久、易变暗等缺点，从而发展了以特殊晶体包覆材料作为金光印花的“金粉”，这是第三代金光印花，此印花产品光泽持久稳定、牢度好、手感好。因此，目前金光印花是把具有类似黄金光泽的材料与特制透明度良好的金粉专用色浆或胶黏剂混合后，调制成印花色浆印制在织物上，使织物花纹部位获得金光闪闪的效果。

三、铜锌合金“金粉”印花工艺及技术

1. 铜锌合金“金粉”组成

铜锌合金“金粉”是应用广泛的一种金光印花材料，近代金粉由60%～80%的铜粉和20%～40%的锌粉组成，铜锌比例不同，可制成不同色泽的金粉（如黄金色、青金色、红金色、青红金色等），铜比例约90%可制备出浅金黄色，铜比例约80%可制备出纯金黄色，铜比例约70%可制备出深金黄色。同时为了满足印花需要，将金粉研磨成一定目数的细粉，通常为100～400目，不同目数的金粉还可

以复配使用。

2. 金粉生产过程

配料→熔融→铸薄片→轧箔→捣碎→分离、化学品加工→风选→磨粉→筛粉→成品。

金粉表面可涂一层硬脂酸或其他脂肪酸类润滑剂，以降低金粉表面被氧化的速度，提高金粉表面光泽的耐久性。

3. 金粉印花色浆组成

金粉印花色浆中除了金粉之外，还需加入抗氧化剂，其作用为降低金粉表面的氧化速度，防止金粉颗粒表面生成氧化物而使光泽暗淡或失去光泽。常用的抗氧化剂有对甲氨基苯酚（商品名为米吐尔 Metol）、苯并三氮唑（用酒精溶解）、无机物亚硫酸钠等，一般用量为1%。此外，加适量渗透剂以提高印花色浆的渗透性及花纹部位的亮度，常用的渗透剂有扩散剂 NNO、渗透剂 JFC 等，一般用量为1%～4%。

印花工艺处方（质量百分比）：

专用原糊	25%
金粉	15%～35%
混合胶黏剂	30%～40%
渗透剂	1%～2%
消泡剂	0.2%～0.3%
有机硅乳液	2%（提高摩擦牢度）
金黄色涂料	0～4%

色浆中可适当添加金黄色涂料以改善金粉印花的色光，减少金粉用量，并提高仿金效果，该方法称为飞金。

上述印花工艺处方中的专用原糊组成如下。

白火油	70%
水	17%
平平加	6%
扩散剂 NNO	4%
增稠剂 M	2%
1∶1的苯并三氮唑与酒精混合物	0.6%～1%

4. 金粉印花工艺与设备

金光印花采用涂料直接印花工艺，其工艺流程如下。

印花→烘干→焙烘［(130℃，3min）或（160℃，1.5min）或（180℃，1min）→轧树脂→焙烘（165℃，1.5min）］→拉幅→轧光→防缩→成品。

金粉印花设备可以采用滚筒印花设备，但花筒深度比一般花筒深 20μm，并且宽度加宽；也可以采用筛网印花设备，但要注意网目数较低，一般选择 60 目

(23.6 网孔数/cm)。金粉印花产品可通过轧光进一步提高织物的光泽，但需控制好条件，防止金粉印花部位被磨损和金粉脱落。

5. 金粉印花的技术难点及措施

金粉印花的技术难点是如何获得高色牢度和保持织物持久的金光，以及不损害金光印花产品的手感。因此金光印花应注意以下技术问题：

(1) 防止金粉脱落问题　为了提高金光印花产品的色牢度，色浆中应预先加入聚氨酯等性能优良的交联剂及选择性能优良的反应性胶黏剂（如丙烯酸酯类共聚物胶黏剂，聚氨酯类胶黏剂等)。并且色浆中胶黏剂用量应适宜，量太少，牢度不佳；增加胶黏剂用量，牢度提高，但手感变差，实际生产中应根据产品用途及对手感的要求，选择合适种类和合适用量的胶黏剂。此外，印花后应进行充分地焙烘固色处理，使胶黏剂、交联剂能在织物上充分交联成膜，并能将金粉包裹在透明的膜内，将金粉牢固地粘着在织物上。

(2) 金粉目数及其用量的选择　金粉目数（细度）对产品光泽的好坏及印花后产品手感、牢度等性能有很大影响。金粉目数越高，越细，透网性越好，光的反射越一致，反射出带红光的金光光芒，但光泽暗淡，色泽差；而金粉目数越低，越粗，光泽越亮，色泽强，反射出带青光的金光光芒，但透网性差，手感、牢度差。一般将金粉目数选择在100～400目之间，这种细度的金粉色泽较强，亮度好，牢度好，与色浆中其他成分相容性好，色浆稳定，印制时透网性好。此外，金粉用量也要合适，太少，露底；太多影响产品手感和牢度，一般用量应控制在15%～35%之间。

(3) 保持持久的金光光芒　在金粉表面涂一层硬脂酸或其他脂肪酸类树脂润滑剂，可提高金粉的耐光性；此外，为了防止金粉表面被氧化，光泽变暗或失去光泽，需在色浆中加入抗氧化剂，但抗氧化剂不能直接加入到色浆中，而是加入到乳化糊中。铜与苯并三氮唑反应，生成不溶性配合物，降低铜的氧化速率和腐蚀速率，从而起到延长金光持久性的作用。另外，为了进一步提高金光印花织物的光泽，织物经过金光印花后可再经轧光整理，但轧光时注意防止金粉磨损和脱落。

(4) 色浆配置及工艺条件选择　色浆配置时，不要长时间地用力搅拌，以防破坏金属表面的氧化膜；选择合适的焙烘条件，使交联剂和胶黏剂充分与织物发生交联反应，保证产品色牢度；注意不能过度焙烘，以防止织物或交联的膜泛黄；此外，交联形成的膜应透明、柔软及有良好的弹性，以保证金光产品的光泽和手感；金粉可与其他涂料拼混印花，一般印花色浆中可添加少量金黄色涂料(5g/L)，以减少金粉用量，改善印花织物的色牢度和手感，并保证印花产品的光泽和色泽；另外，金粉印花一般放在最后印制，以免影响印花部位的光泽，但当与还原染料叠印时，应先印金粉，还原染料氧化时，要用流动冷水，不能用酸及强氧化剂氧化，否则会影响印花织物的光泽；另外，应注意防止染料与金属发生络合，引起染色织物的色光变化，如金粉与活性染料共同印花时，某些染料能与金属离子发生络合，引起染料色光变化，并且形成的络合染料浮色很难洗去，影响产品的色牢度。

（5）印花设备要求　用圆网印花机印花时，为了避免色浆堵塞网孔，造成印花花形不完整，要考虑印花筛网的目数与金粉目数的关系，一般选择60目的筛网，以防堵网。同时印花台版采用热台版，烘干后再落布，防搭色。

此外，地色色泽及深度会影响印花布面的光泽，一般在深地色紧密织物上罩印金粉，亮度高。

四、晶体包覆材料的金光印花工艺及技术

1. 晶体包覆材料的结构及其金光印花色浆组成

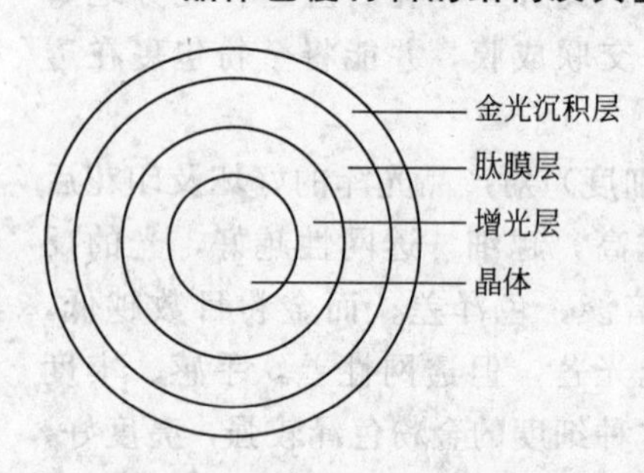

图1-3　晶体包覆金光印花材料结构

晶体包覆金光印花材料组成是以特殊的晶体（云母晶体，其为复杂的硅酸盐）为核心，表面依次包覆增光层、钛膜层和金光沉积层，其光芒由钛膜层产生，钛膜含量约占20%～25%，其黄金般的色泽由外层特殊的金属沉积化合物所致。其结构如图1-3所示。每层按顺序排列，不能混淆，否则会影响产品的光泽和色泽。这种金光印花产品长期暴露在空气中不会发暗，具有很好的耐气候和耐高温性能，此外，印花织物的手感也较铜锌合金粉有较大改善。

2. 印花工艺

采用涂料直接印花工艺，首先将晶体包覆金光印花材料与专用浆或胶黏剂混合后，调制成印花色浆，印在织物上，烘干后，再经烘焙，完成印花过程。

第三节　银光印花

一、银光印花的特点及意义

白银洁白、华丽、尊贵、高雅，深受人们爱戴。银光印花就是将一种价格相对较低且具有类似白银光泽的材料印制在纺织品上，使印花纺织品获得白银光芒的花纹效果。银光印花是一种重要的特种印花。经过银光印花的产品具有亮丽的银光光芒，服用价值和欣赏价值提高，产品的档次提升，因此银光印花很有意义。

二、银光印花的发展

由于纯银价格不菲，而且接触空气后光芒会逐渐暗淡，不能用于织物印花。现在所用的银粉有两类，其中一类是铝粉，其纯度为99.5%，它与铜锌合金粉印花一样，铝粉颗粒也需经适当研磨，制成合适目数的铝粉。铝粉的化学性质很活泼，耐高温性差，在空气中易被氧化，而失去光泽。印花色浆中需加适量抗氧化剂苯并三氮唑，以抑制铝粉表面暴露在空气中失去“银光”的速度，延长银光光泽持久性。同时注意铝与水作用，放出氢，在一定浓度下，易爆炸，爆炸极限为27～50g/cm^3。铝粉表面粗糙，呈不规则多面体，对入射光呈漫反射，因此“铝粉”银光印花不像钻石印花，对光无分光作用，不能强烈地反射光，无灿烂的光辉；由于铝粉密度小，为浮型金属涂料，色浆中易上浮，在浆膜顶部固定，形成的覆盖层视觉上呈现银白色金属的光芒，但无色泽，这与钻石印花不同。铝粉银光印花为第一代银光印花，该印花产品存在银光光泽不持久的缺点。

第二代银光印花材料为云母包覆钛膜银光粉，它与云母钛珠光粉相似，仅改变了包覆的二氧化钛膜的结晶形式，即将钛膜包覆时的温度升高，比云母钛珠光粉包覆时的温度高得多，包覆后的钛膜银光粉折射率可达到2.7，属于金红石结晶体（如：TS-16银光涂料是一种云母包覆钛膜银光粉的商品名称），能获得像白银一样的光芒。改变云母包覆钛膜制备条件，包覆物的折射率为2.5，形成另一种二氧化钛的锐钛型晶体，则能获得具有类似珍珠光芒效果的珠光粉（如TC珠光涂料就是一类云母包覆钛膜珠光粉的商品名称，珠光印花在后面将作介绍）。假如改变云母包覆钛膜银光粉包覆钛膜层的厚度，还可以衍生出黄、红、蓝、绿等各种色泽的银光品种，这主要是由于钛膜层厚度不同，选择吸收了不同颜色波长的光，而反射出不同色泽的光，从而呈现出不同色泽。云母包覆钛膜银光印花浆与其他化学品的相容性很好，印花织物各项色牢度优良，并能保持持久的白银光芒。

三、银光印花工艺及技术

银光铝粉印花的色浆（铝粉、胶黏剂、增稠剂、交联剂、抗氧化剂、消泡剂等）及工艺条件、工艺设备、技术难点及措施基本上与铜锌合金粉印花相同。云母包覆钛膜银光印花同晶体包覆金光及一般涂料直接印花相似，这里不再赘述。图1-4为一种铝

图1-4 铝粉印花产品

粉印花产品。

第四节 珠光印花

一、珠光印花的特点

珍珠光泽的特点是具有多面反射性，能形成十分均匀的等强漫反射，光泽十分柔和、诱人。长期以来，珍珠一直是人们喜爱的一种装饰用珍品。古代曾用真正的珍珠磨成细粉，绘制在纺织品上，但是珍珠被磨成细粉后，珍珠结构被破坏，磨碎了的珍珠不能产生均匀的等强漫反射，结果并不能产生珍珠的光泽。目前珠光印花是将能发出类似珍珠闪烁光芒（珠光粉或称七彩亮片）的片状发光体加入到印花色浆中去，通过一定方式印制在织物上，再经一定温度焙烘后处理，使印花织物在日光或强光照射下，产生多层次反射，发出珍珠般的光泽，点缀出光彩夺目的美丽印花图案，提升产品档次。

二、珠光粉种类

能用于珠光印花的珠光亮片种类很多，包括从天然蚌珠等珍珠和从鱼鳞等中提取的天然珠光物质，以及用化学合成的方法制备出无机铅盐等合成珠光发光体，此外，还有采用模拟天然珍珠光泽的材料，如广泛采用以云母为核心的锐钛型钛膜涂料，作为复配珠光材料。下面对不同种类的珠光粉材料的结构和性能做简单介绍。

图 1-5 珍珠

1. 天然珠光粉

天然珍珠（图 1-5）中心为核，外层以碳酸钙和蛋白质两种物质层层交替组成，每层具有一定的厚度。由于该材料的特定结构层次，当光线照射到珍珠表面，一部分光首先被最外层的碳酸钙层反射出去，另一部分光透过蛋白质层，射到第二层碳酸钙层表面，再被反射出去，这样入射光经多次反射、透射，反射光相互干涉，从而得到光彩夺目的似彩虹状的珍珠光芒。

此外，具有珍珠光泽的天然珠光

粉也可以从鱼、虾、贝类等鳞片中提取出来，其主要成分为鸟嘌呤类衍生物（2-氨基-6羟基嘌呤，又称鸟粪素），其本身纯洁无色。由于其特定的晶体结构，不同部位对光有不同的反射、透射和折射，反射光发生相互干涉，进而产生结构生色，并获得较为持久的光芒，但天然珠光粉耐热稳定性差，数量有限，价格贵，而且原料来源不同，质量不一，因此，目前该类珠光粉应用较少。

2. 合成珠光粉

合成珠光粉中有一类是无机的铅盐，如碱式碳酸铅、磷酸铅或砷酸铅等化合物，其中以碱式碳酸铅［$PbCO_3 \cdot Pb(OH)_2$］应用较好，而且它的耐热和耐晒性都比较优良，但与化学品的相容性差，制造工艺复杂。

碱式碳酸铅是在碱式醋酸铅的水溶液中通入二氧化碳制成的。具体制造工艺为：在反应釜中加入纯水33份、醋酸0.14份、氧化铅0.78份。在25℃下搅拌6h，可获得铅浓度为2.13%的碱式醋酸铅溶液。取出此溶液，放置12h，用硅藻土过滤。在25℃下，将二氧化碳通入碱式醋酸铅溶液，边加二氧化碳气体边高速搅拌，待pH值从9.2下降到6.5时，停止通气。反应时间约为2.5h，可得表面光滑、颗粒长度在10～30μm之间的六角形碱式碳酸铅片状晶体约0.47份。

根据实践经验，珠光效果主要决定于制备的晶体是否完整和表面是否光滑。制备工艺条件很重要，其中具有决定性的因素就是控制pH值的变化。pH值为6.5时停止通入二氧化碳气体，可以获得较好的效果；pH值高于6.5则晶体尚未完全形成；pH值低于6.5时晶体被醋酸破坏，使表面粗糙而减少闪光效果。其次是反应温度必须控制在25～30℃之间。温度过高，所形成的晶体趋于圆形；温度过低，生成副反应铅白较多，闪光性下降。再其次是制造碱式碳酸铅晶体的用水质量要求很高，水中不允许有Ca^{2+}、Cl^-、SO_4^{2-}等离子及其他有机物质，这些离子和物质都会抑制晶体的生成。另外通入二氧化碳的速度对晶体形状及其光泽也有影响，一般二氧化碳通入的速度应控制在0.5L/min左右。速度过快，所得晶体小而厚，容易产生沉淀；速度过慢，所获得晶体闪光性差。最后形成的铅液浓度控制在0.5%～5%范围内比较合适。浓度过高，所得晶体较厚，闪光性会降低。

制得的碱式碳酸铅晶体经静置而自然沉降后，要倒去上面的水。加入9%硝酸纤维的醋酸丁酯溶液，充分搅拌，水即分离出来。倒去水后，加入酒精，搅拌后再用减压蒸馏的方法除去水和酒精的混合物，即得到碱式碳酸铅晶体珠光粉。只有制备工艺条件控制适当，才能得到光泽好的珠光制剂。由于这种珠光制剂合成方法复杂，并且与其他助剂的相容性差，继而开发出了复配珍珠粉。

3. 复配珠光粉

复配珠光粉是一种云母的钛膜包覆物，也称钛膜珠光粉。云母有两大类，一类是天然云母，化学组分为$KMg_3AlSiO_{10}(OH)_2$；另一类为人工制造的氟金云母，结构为KMg_3-$AlSi_5O_{10}F_2$，其纯度高，价格高。作为织物印花用的珠光原料，采用的是天然云母。天然云母投入硫酸氧钛的酸性溶液中，生成的水合二氧化钛

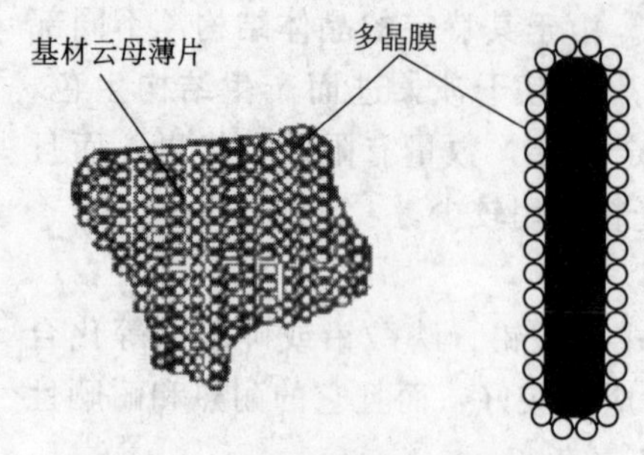

图 1-6　云母钛珠光粉微观结构

微粒在酸性条件下凝聚，并沉积在云母上，形成锐钛型微晶结构（图 1-6），因为云母对光线曲折率低，而二氧化钛对光线曲折率高，这样在一定的光照下，这种云母钛膜包覆物复配珠光粉具有天然珍珠的“反光”原理，在其表面反射的光线产生类似珍珠光芒的效果；此外，也可将其他金属氧化物沉积在云母的表面，显示出不同的色泽。云母的钛膜包覆物珠光粉与天然珠光粉和人造珠光粉相当，而且前者品种多样，色位多种，从金色、银白色到五颜六色的彩虹色，光泽由柔和的珍珠光泽到耀眼的强烈光泽。钛膜珠光粉闪光效果好，颗粒均匀，有良好分散性，折射率为 2.5，耐酸、耐碱、耐高温，耐热达 900℃，并有优良的耐光性，耐气候性，不溶于水，与化学品相容性好，无毒。用此类珠光粉制成的印花色浆稳定，应用最多，用其印花得到的产品有很好的闪光效果，而且牢度好。现在也可以将染料或涂料沉积在云母片上，制成各种鲜艳颜色的彩色亮片，应用于纺织品印花。

三、珠光粉印花工艺

珠光印花工艺采用涂料直接印花工艺，印花工艺过程是：先配制好珠光浆，然后进行印花，再经烘焙等后处理，即得珠光印花产品。珠光浆可适用于各种纤维材料的印花，既可单独使用，也可以与其他涂料混合使用，产生彩色珠光效应，得到色彩斑斓的印花效果。珠光印花色浆应有很高的遮盖性，可起到罩印效果，对地色的深浅无局限性。珠光印花在印制过程中，应注意防止出现堵网问题，印花筛网目数的选择要合适，一般使用 60～80 目（23.6～31.5 网孔数/cm）筛网为佳。

1. 碱式碳酸铅珠光印花工艺

（1）印花色浆的组成如下。

碱式碳酸铅晶体	5g
网印胶黏剂	30g
交联剂 101	5g
苯乙烯树脂	15g
醋酸乙酯	30g
乳化浆	xg
涂料	0～1g
合成	100g

（2）印花工艺过程

印花烘干后，经 150℃焙烘 2min。

（3）注意问题

色浆调制最好现配现用，不能贮存时间太长，调浆时间应控制在0.5h之内，时间过长会损坏碱式碳酸铅晶体。印制宜在平网印花机上进行，印制用23.6～31.5网孔数/cm（60～80目）的筛网，刮印次数以2次为宜，采用冷台板。

2. 复配珠光粉印花

珠光印花浆配方：

珠光粉	15%～30%
胶黏剂	*X*%
增稠剂	*Y*%
渗透剂	1%
尿素	2%

彩色珠光印花浆配方：

珠光粉	15%～30%
涂料	0.2%～1%
胶黏剂	*X*%
增稠剂	*Y*%
渗透剂	1%
尿素	2%

为了调浆方便，有珠光印花浆商品出售，通常珠光印花浆由珠光粉、透明成膜的胶黏剂和增稠剂等组成。如国外珠光浆产品Pearl Paste AC-6是一种珠光体和丙烯酸酯类乳液的混合物，适用于辊筒印花、平网印花及圆网印花，调印花色浆时仅需加入交联剂和有色涂料等即可，其印花浆的组成举例如下。

珠光粉 Pearl Paste AC-6	100g
六羟甲基氰胺树脂（80%）	3g
涂料	1～3g
合成	104～108g

又如：北京纺织科学研究所用钛膜云母制成的珠光印花浆TC，印花浆中已包含胶黏剂或交联剂。色浆调制较简单，直接用此浆料即可印花，亦可拼入涂料或染料，不需要再加入胶黏剂或交联剂，但选用的染料或涂料的透明度要好，否则会影响印花织物的光泽。

珠光印花工艺过程为：印花→烘干（105～110℃，2min）→焙烘（155～165℃，2～3min）。

四、珠光印花助剂、设备要求及其珠光印花技术关键问题

1. 胶黏剂要求

珠光粉印花胶黏剂结构对产品刷洗牢度、摩擦牢度、织物手感影响很大，此

外，还影响珠光产品的光泽。在配制珠光粉印花色浆时，由于云母钛膜珠光粉粒度、形状和一般涂料有很大的区别，钛膜珠光粉的直径比涂料粒子大几十倍，因此，珠光粉的色牢度比普通涂料差，因此要求胶黏剂的含固量较高，比一般胶黏剂黏稠，以得到较厚的印膜，否则就不能得到足够的黏着力。一般采用高含固量的自交联型聚丙烯酸酯类乳液胶黏剂，其用量较小，能达到印花所需要求。胶黏剂选择的另一个要求是有利于珠光颜料的分散，并有较好的自润湿性能，可在添加10%～15%的珠光粉成浆后，在80目左右的筛网上顺利印花，不堵网，对印后织物的牢度和手感没有不良影响。另外，胶黏剂成膜后应完全无色透明，不能影响珠光光泽，同时要求胶黏剂所成的膜具有柔软、弹性好、耐光、耐热等性能，最好能耐干洗。而且选用低温型胶黏剂为佳，印花后，烘干即可，可省去焙烘工序。

2. 合成增稠剂要求

通常合成增稠剂成糊后与胶黏剂配合使用，调制成适宜黏度的印花色浆。合成增稠剂本身是高分子材料，也会成膜，其具体要求基本上与胶黏剂相同，如增稠剂本身不能带有颜色（包括黄色），不能有很重的煤油味，同时高温焙烘时，所成的膜不能泛黄等。

3. 印花浆中加入的流变性能调节剂和手感、牢度调节剂要求

印花浆中还可加入流变性能调节剂及手感、牢度调节剂等，其选择同样应遵循以上原则，以便最大限度地保证印花色浆的品质及印花产品的质量。

4. 珠光粉要求

珠光粉不需光源激发，应具有良好的耐酸碱、耐光照、耐高温（360℃以下不分解）等性能。由于珠光粉颗粒比一般涂料粒子大，在印制过程中易堵网，使生产难以顺利进行。珠光粉颗粒大小影响珠光印花效果，一般颗粒较粗的珠光粉反射光量增加，亮度好，但耐磨性差，色牢度和遮盖力不好，在色浆中容易分层，稳定性差，印花透网率低，易堵网。颗粒细的珠光粉反射光减弱，亮度差，胶黏剂将珠光粉粒子包裹得很好，固着在织物上，遮盖力好，色牢度好，调配色浆时，相容性好，色浆易搅拌均匀，不易沉淀，刮印透网率高，不堵网。综上所述，珠光粉颗粒大小对印花产品的影响：粒径小遮盖力大，光泽柔和似绸缎；粒径大，遮盖力下降，光泽逐渐增强。一般按印制要求和印制方法来考虑选用何种粒径的珠光粉，珠光粉粒径通常在100～200目较合适。注意不可将不同色彩的珠光浆料系列产品混合使用，因为两种或多种珠光印浆混用会出现相互拼色现象，降低珠光效果。

5. 珠光颜料浆要求

由于粉体形态的珠光制剂存在调浆时粉尘飞扬等问题，因此目前粉体形态的珠光制剂可以通过添加溶剂、树脂和适当的助剂将其加工成高浓度的浆状产品，俗称为珠光颜料浆。这类珠光颜料浆制品一般都具有良好的润湿性和分散性，从而省去了对珠光粉料预湿的麻烦，并减少粉尘的飞扬，而且产生的珠光效果优于直接使用干粉，深受用户喜爱。加工时只需经过轻微的搅拌就能分散到低黏度的基料中去，进而大大简化了珠光印花浆的配制操作。

6. 珠光印花罩印浆要求

珠光印花罩印浆由透明的苯乙烯-丙烯酸酯共聚乳胶胶黏剂、遮盖力强的纳米二氧化钛及各种系列的云母钛珠光颜料配制而成。罩印浆应具备以下条件：色浆的黏合力强，在高剪切力作用下，色浆稳定，不堵塞花网，流变性好，印制效果好；其次色浆遮盖能力强，在高温情况下不泛黄，不影响色涂料的鲜艳度；不沾污地色，色牢度好，耐升华牢度好。织物色泽及深度不同会影响印花效果，对珠光浆的要求有所不同。通常珠光印花在浅地色布上进行罩印印花，罩印效果较佳，遮盖力好；而珠光粉印在深地色布上，布面光泽会受地色影响，产生色变和色泽萎暗，尤其是印在黑色涤纶织物上，经高温焙烘，遮盖力较差。因此，若需在深地色布上进行罩印，罩印浆选择很重要，其遮盖能力要更强。

7. 承印物的质量对印花效果的影响

承印物的质量对印花效果也有影响，只有平坦、光滑的承印物表面才会获得最佳的珠光效果，因此印制织物的组织结构会影响印制效果。珠光印花适宜印在组织结构紧密的平整光滑织物上，而不适于印制在结构疏松且表面粗糙的织物上。

8. 印花设备及印花网版要求

珠光印花可使用平网印花设备，为了避免印花时颜料堵塞花网的网孔，丝网目数选择非常重要。珠光颜料颗粒的大小应与印花版的丝网目数相匹配，一般选择丝网的孔径要比最大的珠光颜料粒径大 1.5～2.5 倍。此外，还应选用单纤丝的丝网印版。一般制版选用 60～80 目的涤纶绢网，以保证足够量的珠光粉通过筛网，防止部分珠光粉不能随胶黏剂通过筛网，造成亮度不够，或前后亮度不一致，以及防止堵塞网孔等问题的产生。珠光粉印花的网版易起砂眼，使用寿命较一般印花短。在上感光胶时，要求比一般的网厚，延长烘网时间，这样制成的网版寿命可以延长。珠光浆平网印花中，为了防止压糊现象和柜子印产生，制版时接头边一定要整齐。

9. 色浆的配制要求

调配印花色浆时，避免高速机械搅拌色浆，以免损坏颜料表面光泽。高速搅拌时间过长，珠光粉色浆易破乳。调好的色浆放置时间不能太久，最好现用现配。调浆时，可以适当添加一些乳化剂以防色浆分层。在配制时，珠光粉印花浆，可直接将珠光粉加入到涂料色浆中。为使着色珠光粉鲜艳，涂料用量不能过多，而且涂料透明度好，否则会影响光泽。采用五颜六色的彩虹珠光粉，可以增加珠光粉的鲜艳度。此外，调浆时，注意防止珠光粉飞扬，小心取出颜料，先用 30%的醋酸乙酯或异丙醇浸泡 30min 后再进行调浆，或选择商品珠光颜料浆。调配珠光浆料时，一定要将珠光色浆全部搅拌混合均匀后，方能上机印花，避免印浆中出现粉团，此类粉团在浆料干燥后，会出现破裂及脱落，形成针孔或气泡。

10. 印花工艺中的其他要求

宜在冷台板上进行珠光印花，印花后，考虑到珠光粉印花的印膜较厚，烘干时间应适当延长，否则会影响珠光粉的光泽和色牢度。印制时，为了防止发生粘搭，以及花网导带走动时珠光粉的脱落，应待印制的色浆稍干后，再进行第二块花版印花。注意干燥速度不要太快，片状颗粒的珠光粉末平行排列规整，就急于干燥固化，则不能形成良好的珠光反射面。为了得到较厚的珠光粉，应该采用大圆口刮刀，刮刀应比一般直接印花的刮刀软，并且刀口稍长，刮刀压力也应比一般印花大。珠光印花应放在罩印印花的后面进行。由于云母钛膜粒子大，珠光印花浆应尽可能放在最后套印，避免前后花网挤压，把珠光粒子沾掉，影响光泽效果。在连续印花后，珠光粉会沉淀在印花花网镂空花型周围，造成花型双影、压糊，此时可以用合成增稠剂或添加一些助剂，来调节印花浆黏度，但有些助剂会影响色牢度，选择时一定要注意。为了保证色牢度，使胶黏剂、交联剂成膜良好，需要选择合适的焙烘条件（与所用胶黏剂种类有关），焙烘温度可控制在150℃以下。注意焙烘温度不要太高，以免造成染料色光变化，分散染料升华，织物或胶黏剂所成的膜泛黄。彩图2为一种珠光印花产品。

第五节 其他光泽印花

一、烫金烫银工艺

烫金、烫银是传统的装帧美化手段，常常运用在许多包装、装饰用的纸张上，现在可以将烫金、烫银工艺应用在纺织品加工中，其原理是在印花浆中加入特殊的化学制剂，使印花部位呈现出特别靓丽的金、银色，并且印花部位光泽持久，不退色。烫金与烫银工艺相同，区别在于烫金是获得金色光泽效果，烫银则是获得银色光泽效果。

烫金又称为金箔印花，属于转移印花，多用于制作妇女的上衣或裙子、头巾、帽子、靴子等，具有富贵豪华之感。烫金和烫银印花使用一种带有金色或银色的薄膜，一般选用聚酯薄膜。此金箔、银箔的制作方法是在高温和负压条件下，将铝“蒸发”成气体，均匀地扩散和分布在薄膜表面，然后再经过染色和印花制成仿金、仿银等多色品种。

金箔印花需使用专用金箔色浆，金箔色浆中胶黏剂的选择非常重要，胶黏剂一般是一种热塑性树脂乳液，如聚酰胺、聚酯、聚乙烯、乙烯和醋酸乙烯共聚物等。通过印花方法将金箔色浆印制在织物上（在需要转移金属箔处印制金箔浆），待浆膜烘干后，覆上金色或银色的金属箔，金属薄膜和印花的织物紧紧贴在一起，再经过一定温度的轧辊，轧压一定时间（高温压烫140℃，30s），再待冷却后，揭去塑料膜，将覆盖在薄膜上的金属箔转移到织物上，即得到烫金花纹效果。专用金箔浆是一种热塑性树脂型水性乳胶浆，具有手感柔软、光亮度好、牢度好、黏性强的特点，可用于任何耐高温织物。烫金工序一般排在印花的最后一道，最好印制在深地色织物上，并且通常印制点、线等小面积花纹，以免影响印花产品的手感。烫金、烫银可在各种布料上印制，该印花具有工艺及设备简单，占地面积小，投资少，产品更换方便，不产生污水等优点，这是一种十分理想的印花工艺。

二、闪烁片印花

闪光片、激光片是一新型的特种印花材料，由闪光片、镭射片印花的织物具有雍容华贵、富丽堂皇、光彩夺目的特点。闪烁片印花主要是在染色织物（包括色织产品）上印花，闪烁片以花纹图案的形式牢固地固着在织物表面，形成闪烁光亮的花形效果，起点缀作用，增加服装及装饰品等的美观感。

闪烁片（亮片）印花中的闪烁片是一种真空镀铝金属闪烁片，它是将铝沉积在聚酯薄膜上，经染色并粉碎后形成的，颜色有多种，包括金、银、红、橙、黄、绿等各种颜色的彩片，可根据客户的要求选择使用。闪烁片呈三角形，规格一般有0.008～0.1mm不等，耐高温。闪烁片印花一般印制面积不大，起点缀作用，有闪闪发亮的光泽效果。图1-7为一种闪烁片印花产品，图1-8为一种镭射片。

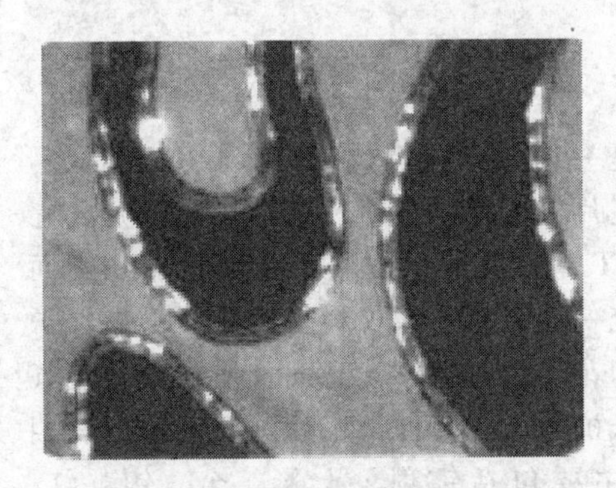

图1-7　闪烁片印花产品

图1-8　镭射片

闪烁片印花工艺同涂料直接印花工艺，但闪烁片不同于涂料、闪烁片为散片状，而涂料为粒径状，闪烁片印花色浆需选用专用色浆，要求色浆中选用的胶黏剂具有含固量高、黏着力强、产品牢度良好，同时成膜透明、柔软、光泽好，不影响闪烁光泽以及织物的手感。因此要使闪烁片牢固地固着在织物上，并要达到光彩夺目的印花效果，印花色浆组成及印花工艺选择非常重要。

闪烁片印花应注意以下几点。

① 为了保证印花花形完整、清晰，闪烁片颗粒选择和花网的网目数选择很重

要，闪烁片颗粒不能太大，否则易堵塞花网的网眼，圆网印花的闪烁片颗粒的尺寸必须小于0.1mm；印花花网目数选择应大些（40目的镍网，15.7网孔/cm）。

② 闪烁片用量合适，用量太少时，被印制织物光泽效果不明显，体现不出五彩缤纷的印花效果，随着闪烁片用量的不断增加，印制图案的光泽不断提高。但闪烁片用量过多，色浆与纤维之间的黏附力降低，使得多余的重叠印于织物表面的闪烁片从布上脱落下来，使印花干、湿摩擦牢度均会下降。闪烁片用量过多既影响印制效果，又造成成本偏高，故用量一般控制在150g/L。

③ 胶黏剂的选择及用量直接影响到闪烁片的固着牢度和织物的手感，而且考虑到闪烁片在空气中易氧化，还必须加入抗氧化剂。一般专用印花胶黏剂的用量对印花亮度影响不大，而对印花后产品的湿摩擦牢度和手感影响大，随胶黏剂用量提高，湿摩擦牢度较好，但印制产品的手感变差，故胶黏剂用量选择很重要。闪烁片大，胶黏剂用量适当增加，同时需要兼顾牢度和手感。

④ 印花刮浆用的刮刀最好为圆头，不能用尖头，以增加色浆的透过量，不影响亮片的光泽。

⑤ 焙烘处理条件应合适，使胶黏剂、交联剂充分发挥作用。一般印花后先经100℃烘干3min，然后再焙烘，焙烘温度高，时间可以适当缩短，但应注意温度太高，印花织物的光泽和亮度会逐渐下降，如温度高于180℃，织物手感和亮度均会降低，一般130℃焙烘3min，或160℃焙烘2min。焙烘温度由胶黏剂结构性能而定，可选择高反应性低温胶黏剂。

三、金葱粉印花

图1-9　金葱粉印花产品

金葱粉是一种具有独特效果的表层处理材料，金葱粉俗称亮片、金片、银片及镭射七彩闪片，它是由进口PET聚酯薄膜等材料经精密机械切割而制成的规格统一的亮片。此材料表面涂覆一层保护层，以增加印花产品的色彩光亮度及增强对环境气候、温度的抵抗力。有两种常用品种即六角形和四角形，颜色主要包括镭射、七彩、金、银、红、蓝、绿、紫等。金葱粉被广泛应用于圣诞工艺品、蜡烛工艺品、化妆品、纺织品、装饰材料（玻璃艺品、水晶球等）、油漆装潢、家具喷漆等领域，其特点在于增强产品的视觉效果，使装饰部分有鲜艳夺目的闪光特性和凹凸不平的立体层次感。按材料结构不同，金葱粉分为聚酯金葱粉、金属质金葱粉、幻彩系列金葱粉、珠光粉系列金葱粉等（图1-9）。

1. 聚酯金葱粉

该产品由真空金属质聚酯膜组成，其彩色层为热固交叉结合环氧层，可产生的颜色种类广泛。可通过印花、涂层、喷撒方式用于木、纸、布、金属、皮具、陶瓷等多种材料上。形成装饰或反光等特殊的醒目效果，其能耐 180℃高温。

2. 金属质金葱粉

该产品用极薄的铝箔组成，其彩色外层为热固交叉结合环氧层。该产品适用于许多可溶性材料，也可干涂。金属质金葱粉是用于塑料制品的理想材料，耐 200℃高温。产品常规尺寸有 3.0mm、2.5mm、2.0mm、1.5mm、1.0mm、0.8mm、0.6mm、0.4mm、0.3mm、0.2mm、0.1mm。也可按客户要求定做各种特殊规格及颜色。

3. 幻彩系列金葱粉

该产品为独特的幻彩金葱粉，不含金属成分，但由于组成该产品的聚合物膜的光学特性，因而该产品具有变幻的金属颜色和光泽，有明显的颜色变化。特别适合用于印刷行业，使产品具有颜色变幻的外观。产品常规尺寸为：0.2mm(1/128)、0.4mm (1/64)、0.6mm (1/40)、1.0mm (1/24)。

金葱粉印花工艺与闪烁片印花工艺相同。

第二章

隐影动态印花

隐影动态特种印花产品随环境条件的变化，花形图案呈现忽隐忽现、忽明忽暗、变幻多端的效果，该类产品的这些新奇独特的特点，给使用者增添了无穷乐趣。这类印花包括：能在黑暗环境下产生晶莹发亮花形的夜光印花；能随着周围环境的温度、湿度或光源的变化而呈现出不同色泽花形的变色印花；在干态时产品表面无花纹图案，而在湿态时呈现花纹的浮水映印花；在白色涂层织物上能用水笔书写成彩色文字或绘出彩色图案的水写乳白印花；以及在光线照射下能显现出闪闪发光亮丽图案的回归反射印花等。常见的隐影动态特种印花的基本特征及其用途总结见表 2-1。

表 2-1　隐影动态特种印花的基本特征及其应用

隐影动态印花名称	变色条件	变色特点	适用纺织品
热敏变色印花	温度变化	一种色变为无色或另一色	T恤、夏装、毛巾、高温工作服、感应温度服等
光敏变色印花	光强度变化	一种色变为无色或另一色	T恤、外衣、演员服
湿敏变色印花	湿度大小变化	一种色变为无色或另一色	环境湿度标志织物、泳装、毛巾、沙滩裤等
夜光印花	光线明暗变化	有色或无色变为发光色	晚礼服、演员服、沙发巾、窗帘、领带、童装
浮水映印花	布面干湿变化	色布变为单色花布	沙滩裤、泳装、毛巾、雨伞、雨披等与水接触的产品

续表

隐影动态印花名称	变色条件	变色特点	适用纺织品
水写乳白印花	用水笔书写	白色织物上能书写出有色字或绘出图案	幼儿练字、画图、书法练习、书法教具等
回归反射印花	各种光源照射	闪闪发光	安全标志、特殊服装等

第一节　夜光印花

普通印花产品花纹处不显亮光，在漆黑的夜晚，人们看不见织物上的花纹图案，但若将特殊的发光体与胶黏剂配制成的印花色浆，印制在织物上，则即使在漆黑的夜晚，印花花纹处也能闪闪发光，显现出织物上的花纹图案，这类印花称为夜光印花。根据发光体不同可以获得夜光、磷光、荧光等效果，该类印花织物也称为发光印花织物（luminescent printing fabric），特别适于作剧装、装饰品和其他服装等。

一、夜光印花的特点及意义

夜光印花是靠胶黏剂等助剂将一种特殊的发光物体印制在织物上，得到在黑暗中能闪闪发光的印花纺织品的一种特种印花方法。普通印花织物必须在有光的条件下才能看见花形，在无光的黑夜里，织物上再美丽的花形也无法被人欣赏，而夜光印花织物能随着亮光的改变而产生动态变化的花纹图案，即在没有亮光的情况下（在黑暗中）能产生晶莹发亮的花纹，在有亮光的情况下仅显示一般花纹图案。由于这类织物具有动态的特殊视觉效果，可应用于服装、鞋帽、文具、钟表、开关、指示标牌、渔具、工艺品和体育用品等；并可应用于建筑装饰、运输工具、军事设施、消防应急系统，在进出口标志、逃生、救生路线的指示系统中也具有良好的作用。此外，发光体还可以均匀分布在各种透明介质中，如塑料、陶瓷、玻璃等，实现介质的自发光功能，除了能显示出本身颜料所具有的

图 2-1　具有夜光性能的一种产品

明亮色彩外，还可在黑暗环境中起到良好的低度应急照明的作用，以及指示标识和装饰美化的效果，图 2-1 为一种具有夜光性能的产品。现在许多大型机场、地铁、飞机及世界著名建筑里都有自发光材料。

夜光印花是将具有蓄光功能的夜光涂料调制成印花色浆，印制到织物上，即得到夜光印花织物。这种织物不限于有光条件下应用，在黑暗中仍能显示出晶莹美丽的彩色花纹图案，并有一定的亮光，提高了产品的价值（夜间行走安全）和档次，并丰富了人们的生活。该类纺织品常用于服装、装饰产品等。

二、发光原因

在一定条件下，任何物质的分子具有特定的内能，包括电子的能量、分子转动的能量，以及原子核振动的能量，通常物质处于能量较低的稳定状态（基态），当吸收外能，如吸收光能后，分子内能发生变化，电子能级、分子转动能级、原子核振动能级均将发生跃迁，即由能级较低的基态跃迁到能级较高的激发态，如图 2-2 所示。由于激发态能级高，不稳定，有释放能量回到基态的趋势，能量释放有多种形式，可以以热能形式释放能量，也可以以光化学作用形式释放能量，由这些形式释放能量，将导致织物脆损、染料退色等现象的发生，另外储存的能量还可以以光辐射的形式释放，发出荧光（荧光增白剂、荧光染料）、产生夜光（磷光）等。不同物质结构不同，性能不同，激发跃迁时需要吸收能量不同，释放能量的形式不同。有些物质能吸收外界能量，并储存能量，然后在一定条件下，以可见光辐射的形式释放出储存的能量，这种物质具有受外界作用而发光的性质，此物质称为发光物体。夜光印花所用的主要材料就是发光物体，该物体能将某种方式吸收的外界能量转化为光辐射形式释放出来，从而能在夜晚闪闪发光。但并非所有的光辐射都能称作发光，光辐射包括平衡光辐射和非平衡光辐射，其中非平衡光辐射产生发光。非平衡光辐射是在外界作用（光照射）的激发下，物体偏离原来的平衡态（基态），而跃迁到激发态，激发态状态不稳定，物体释放光子（为可见光），视觉上产生发光现象，此外还存在光发射、散射和韧致辐射等现象，物体重新回到基态，通常由于能量损失，发光体发光的波长大于激发光的波长。

一般外界能量除了光能，还有多种形式的其他能量，如电能、射线、摩擦、化学反应、生物作用等产生的能量。因此激发发光的方式除了有光致发光外，还有电致发光、射线致发光、摩擦致发光、化学反应致发光、生物致发光等多种类型。能应用于纺织品印花的发光物体主要为光致发光体，属于一种蓄光涂料，它能够吸收受到照射的光能，并将光能储存起来，待光源移去后，在黑暗的环境中能够发光。还有一类自发光材料，属于射线致发光体，它是一类可以生产放射线能量而发光的物体，其特点是随加入的微量放射性物质的种类和数量不同，发光的余晖不尽相同，射线致发光物体一般发光具有长效性，但由于自发光涂料含有微量放射性元素，对人体有害，因此具有放射性的自发光材料，不利于人体健康，不能用于夜光印花材料。

而光致发光物体能吸收太阳光或人工光，并将光能贮存，然后在夜晚辐射出可见光，具有发光效应，该发光体实用安全。但该物质发光时间短，一般余晖时间为0.5～12h。

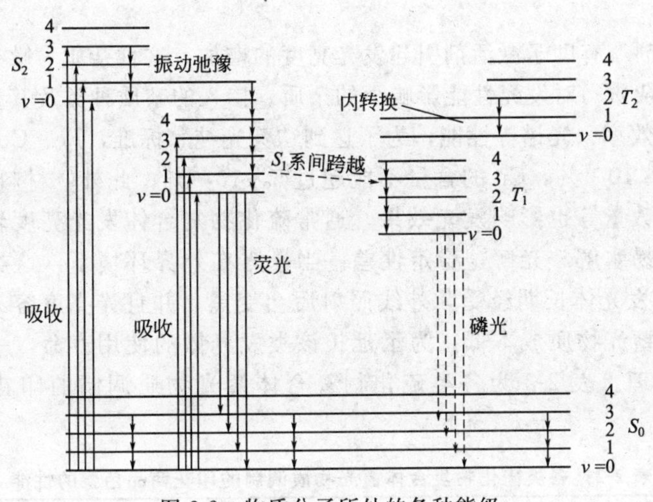

图 2-2　物质分子所处的各种能级

三、光致发光体

发光材料实际上是一种蓄光物质，它是夜光印花浆的主要组分。应用于夜光印花的光致发光体蓄光材料的激发光源一般是日光和人工光源（灯光），其发光过程为：蓄光颜料受光照射后吸收光（光能）→在黑暗条件下，将储存的能量以光的形式慢慢释放出来（发光）→再经过光照射，再次储存能量→再发光，如此循环，可重获发光效果。这种吸收光-发光-储存光能-再发光，并可无限重复的过程与我们用的手机蓄电池一样，充电-使用过程中耗电-再充电-再使用、再耗电的反复再利用是相似的，所以这种发光材料称为蓄光型发光材料。蓄光材料在合成过程中所形成晶体的晶格结构缺陷和杂质缺陷才导致其具有发光性能，由材料晶格缺陷所引起的发光叫自激发光，而由杂质缺陷引起的发光叫激活发光。实际应用的各类发光材料大多是激活型发光材料。用于纺织品上的光致发光体蓄光物质有两种。

1. 硫化物复合体

高纯度的硫化物中掺杂少量杂质成为一种发光体，如 ZnS 中掺入少量的 Cu、Co 杂质，就成为一种绿色发光体，掺入的杂质根据其对发光效果的影响不同，一般包括以下种类。

（1）猝灭剂　那些严重影响发光效果，降低发光亮度的有害杂质称为猝灭剂。

（2）激活剂　增强发光材料的发光性能，或将不发光或弱发光的材料，产生发光性能，光强度提高，如ZnS中掺入的少量的Cu、Co杂质就为激活剂。

（3）共激活剂　与激活剂有协同激活作用，具有加强激活剂发光性的作用，如Cu作为ZnS发光的激活剂，再添加铝，进一步增强Cu的激活作用，铝为共激活剂。

（4）敏化剂　有助于激活剂引起发光亮度的增加，这种杂质为敏光剂。

（5）惰性杂质　对发光性能影响小的杂质。掺入的杂质种类及其量将影响发光材料的余晖、效率、光谱等性能，为了达到“荧光纯”标准，Fe、Co、Ni、Mn含量不能超过$1\times10^{-5}\%$，Cu的含量不能超过$5\times10^{-5}\%$；此外，材料的晶粒大小、晶体完整性、数量等也影响发光效果。通常硫化物复合体发光亮度较低，余晖时间较短，并且易水解、光解，稳定性差。当暴露在外界环境下，这类发光体会失效，如ZnS类发光体长期经受紫外线照射后会变黑，并且光亮度容易受到杂质的影响，但该类蓄光物质成本低。为了延长该类发光体的使用寿命，一般需对其表面进行保护处理。表2-2为各类硫化物复合体蓄光物质调制的印花商品色浆的性能。

表2-2　各类硫化物复合体蓄光物质调制的印花商品色浆的性能

波长/nm	印花浆名称	发光色泽	光致发光体的组合	亮度/%	余辉时间
525～528	绿SL 绿BGDL 绿BJ 绿GL 超绒绿GR	亮绿 亮绿→黄绿 黄绿 黄绿 黄绿	ZnS：Cu，Co	100 170 170 190 100	0.5s 15～20min 15～20min 15～20min 15～20min
585～590	红GDL 起绒红GR	橙红 橙红	ZnS：Cu，Mn	170 100	15～20min 15～20min
565～570	黄PL 黄TL 起绒黄PR	亮黄 纯黄 亮黄	ZnS：Cu，Co ZnS：Cu，Mn	170 100	15～20min 15～20min 15～20min
465～470	蓝QL	宝石蓝	（MeSrO）S：Cu，Pb	170	200min

2. 稀土金属盐

该类蓄光物质是由稀土离子激活的碱土金属铝酸盐的复合体组成，颗粒大于5nm。稀土掺杂铝酸盐的无机氧化物复合体具有蓄能强，光亮度高，余晖时间长等特点，它是目前使用较多的一种蓄光材料。这种蓄光材料（夜光粉）吸收储存各种可见光，可在黑夜持续发光10～12h以上，其发光亮度和持续时间是传统夜光材料的30～50倍，并可无限次循环使用，不含任何放射性元素，可印制各种材料。现在主要有黄绿色、红色、天蓝色、蓝色、紫色5个品种的发光颜料，该类夜光粉印花织物穿用安全。

稀土类蓄光材料的最大缺点是耐水性较差，遇水发生分解，导致发光性能下降，甚至完全丧失发光功能。当必须使用水性浆料时，可对夜光材料首先进行表面包膜保护处理，即对发光材料进行微胶囊化，制成微胶囊，以提高其耐水性能。

3. 两类蓄光材料性能对比

由表 2-3 可以看出，与硫化合物蓄光物质相比，稀土类蓄光物质具有更长的余晖及更高的亮度。并且稀土类蓄光物质具有无放射性、无毒、无害、对人体安全性能好等特点，因此它是一种性能良好的“绿色”蓄光材料。

表 2-3　不同稀土类蓄光材料的发光特征

组　　成	发光颜色	发射波长/nm	余辉亮度/（mcd/m^2）		余辉时间/min
			10min	60min	
CaS：Eu，Tm	红色	650	1.2	—	约 45
$Ca_{1-x}Sr_xS$：Bi	蓝色	450	5	0.7	约 90
ZnS：Cu	黄绿	530	45	2	约 200
ZnS：Cu_2Co	黄绿	530	40	5	约 500
$CaAl_2O_4$：Eu_2Nd	蓝色	440	20	6	1000 以上
$SrAl_2O_4$：Eu	黄绿	520	30	6	2000 以上
$SrAl_2O_4$：Eu_2Dy	黄绿	520	400	60	4000 以上
$Sr_4Al_{14}O_{25}$：Eu_2Dy	蓝绿	490	350	50	4000 以上

四、光致发光印花工艺

夜光印花是利用夜光粉配以合适的胶黏剂等助剂，对织物进行印花加工，经过日光或其他光源的照射后，夜光粉储蓄能量，由能级较低的基态跃迁到能级较高的激发态，在黑暗中，能够将吸收的能量以光辐射的形式释放出来，即辐射出光子，因而发出亮光，使印花产品获得特殊的视觉效果。

1. 夜光印花色浆组成

夜光印花可以使用夜光印花专用浆，印花工艺方法与涂料直接印花工艺相似，是把含有夜光粉色浆直接印制在织物上，形成花纹图案，获得耐久性夜光效果。印花时，印花色浆组成及工艺条件选择很重要。夜光印花浆由夜光材料、胶黏剂、增稠剂、交联剂和涂料等组成。

色浆组成举例如下。

印花基本处方（g/kg）：

涂料（普通或荧光等特殊涂料）	适量
夜光粉	100～250
手感调节剂	20
保护剂	适量
邦 A 浆	700～800

增稠剂　　　　　　　　　　　适量
交联剂　　　　　　　　　　　20

色地罩印基本处方（g/kg）：

罩印白浆	700
夜光粉	200～250
涂料	适量
交联剂	20

2. 夜光印花的工艺流程

印花→烘干→焙烘（165℃，3min或180℃，1min）→成品。

3. 夜光印花设备及花型选择

夜光印花适用的设备比较广泛，可用手工冷台板、平网、圆网等印花机。其中平网印花给浆量大，发光亮度高；而采用园网印花时，由于给浆量小，应适当降低车速，同时选择适宜的刮刀口形及刮网压力，以提升给浆量，提高印花织物发光亮度。而且印花花网目数选择应适宜，一般选择80目左右。

夜光印花图案花形最好设计成点、小块面积或者以0.3～0.5cm宽的线条格子花纹。例如各种小动物图案在动物眼睛处印上夜光发光浆，夜晚织物上动物眼睛会闪闪发光，增加织物的艺术魅力。对于植物图案可在其小花朵或花心处印上夜光色浆，增进织物的美观感，提高产品的档次。彩图3为一种夜光印花产品。

五、夜光印花考虑的技术问题及注意事项

夜光印花产品应具有良好的夜晚发光效果及优良的手感和牢度。为了保证印花效果，应注意以下几个方面。

1. 夜光粉要求

印花用夜光粉要求如下。①色泽为浅黄色粉末，应在织物上不易被察觉。②夜光粉粒径应合适，夜光粉的细度（目数）是影响光亮度的主要因素。夜光粉的目数一般在200～800目或更高；粒子细小，透网性好，黏合牢度佳，手感软，但光亮度较差；粒子粗大，透网性差，易堵网，手感硬，但夜光光亮度强；纺织印染一般以选择400～600目的夜光粉为宜。③夜光粉应用要简单。④夜光粉应余晖时间长，亮度高。⑤安全无毒，无放射性，无燃爆危险，不损害环境。⑥耐光、耐老化及化学稳定性好，可循环使用。⑦由其印制的夜光印花织物具有较好的耐气候、耐日光牢度，如在室外日晒雨淋1个月，夜光不受影响。

为了满足这些要求，要将发光体（夜光粉）进行适当保护，通常采用二级保护，第一级为用硅酸钾膜层包裹发光体，此法用于仪表，不用于织物；第二级保护为用透明度高的高分子物质包裹发光体，或采用透明微胶囊包裹发光体，以使印花织物手感柔软，印花色牢度好，光亮度持久，余晖时间长。

2. 夜光粉的用量

随着夜光粉用量的逐渐增加，光亮度逐渐增强。白布半成品直接印花时，夜光粉用量一般在100～150g/kg。如果在深地色上罩印夜光粉，由于深地色具有较强的吸收光的性能，夜光光亮度受到影响，因此在深地色织物上印花，夜光粉用量应增加至200～300g/kg。

3. 夜光印花与其他印花共印时注意问题

(1) 夜光颜料常与活性染料共印　夜光颜料与活性共印时，夜光浆网印放在最后。防止夜光浆粘网、堵网，影响印制效果；制网时，夜光颜料与活性染料之间，应做共线，或小分线，不能叠印，否则影响夜光效果。

(2) 夜光颜料与其他涂料同浆印　夜光印花浆中可以拼混少量普通涂料或荧光涂料，以使印花织物白天显示有鲜艳色彩的图案，但要注意涂料色泽与发光材料所发出亮光的颜色相同，并且拼入的量不能太多，因为随着加入涂料用量的增加，夜光效果会逐渐变弱。一般涂料用量小于10g/kg。

(3) 夜光印花浆不能与其他色泽的色浆重叠　叠印处会削弱发光效果。

4. 助剂的选择

为了获得有实用价值的耐久性夜光印花产品，应注意助剂的选择使用，助剂、杂质等对夜光粉的夜光效果（包括夜光的光亮度及余晖时间）有很大影响，有的助剂加入会增强夜光效果，此助剂有激活剂、共激活剂和敏化剂，有的助剂会削弱夜光效果，此助剂称为猝灭剂，而有的助剂对夜光效果无影响，此助剂称为惰性助剂。夜光粉与织物的牢固结合很重要，因此印花色浆中必须选择合适结构的胶黏剂或交联剂。用于夜光印花的胶黏剂成膜后透明度要好，粘着牢度好，并且在高温焙烘下，不能泛黄，否则影响夜光效果；对于使用稀土铝酸盐蓄光发光材料，由于其易水解，所以配制印花浆时，最好采用标准白火油制备的特种乳化糊（与A帮浆类似），以保证印花产品柔软的手感和良好的牢度，并选择成膜透明度好的胶黏剂，当牢度符合各项标准时，可以不加交联剂。如果调浆时，加入蓄光颜料，印花浆流变性能发生改变，还可以加入适量油性流变性能调节剂和手感、牢度调节剂，以获得最佳印花效果。并且印花时，印浆膜厚度应大于100μm，一般120～150μm（用80目花网，即31.5网孔数/cm，刮印两遍约为此厚度）；用于夜光印花的增稠剂和交联剂，基本上与普通涂料一致，为了保证产品色牢度、光亮度及手感，这些助剂用量也要选择合适。

5. 色浆调制注意问题

夜光粉（长余晖夜光粉可经特殊微胶囊包裹处理）使用时要充分湿润，排除夜光粉粒表面的空气，充分分散，防止结块。若需调色和加助剂，可同时进行搅拌。混合好后，放在容器内，再倒入按比例预备好的树脂中进行搅拌均匀。夜光粉密度较大，容易沉淀，最好现用现配，调配好的夜光印花浆应尽量在8h内用完，不可久放，使用时还需不断搅拌；夜光油墨若不是现配，则应增加其黏度，印花时，根据印花设备、花形、织物种类用稀释剂来调整油墨黏度，调浆操作步骤及方法会影响印花产品发光效果，从配伍性质考虑要选用中性或偏碱性的透明印花浆与蓄光材料一起调制，调制步骤为：在清洁的不锈钢容器中按下列顺序将糊料-胶黏剂-无级变速乳化器高速搅拌成均匀浆状体；再加入油性印花色浆流变性调节剂和手感牢度调节剂；中速调成蓄光印花浆，即为储备浆。印花前将含量为20%～25%（质量）蓄光材料加入到上述储备浆料中，再以中速搅拌-慢速调匀，即制备出可用于上机的印花浆。色浆调制时，避免打浆搅拌速度太快，造成夜光粉晶体破坏，夜光效果减弱，甚至消失。此外，配浆过程中要注意避免混入强电解质、厚重颜色及含重金属化合物的助剂、金属器皿、金属搅拌棒等，以确保浆料品质。

6. 印制织物要求

一般夜光印花最好印制在浅中色织物上，不适合印制在深地色产品上，如被印制的物品颜色不是白色或浅色，则应在印发光层之前，先印一层白色印花浆做衬底，这样可以增加夜光亮度。

总之，夜光印花的工艺与普通印花工艺相似，都是首先将发光体与胶黏剂、交联剂所调制的色浆印制在织物上，然后进行烘干和适当条件焙烘固色，完成印花过程，若夜光印花需与其他普通印花配合进行共同印花，为了避免影响夜光印花的光泽，一般夜光色浆应最后印制。此外，为了能达到理想的印制效果，夜光印花时应认真地筛选合适种类和用量的夜光粉、胶黏剂、柔软剂等，并采用正确的调浆操作步骤，以及仔细控制好印花工艺条件，以确保夜光印花产品的质量效果。

六、夜光效果的测定

夜光印花织物的发光效果目前还没有统一的检测标准，通常用目测方法评定，具体如下：将一块面积大于 $100cm^2$ 的夜光印花织物，预先在 100W 的白炽灯下，距离 50cm，曝光 60s，然后移至夜间无光处，观察布面发光情况，若相距 50m 之外，仍能看见其发出的亮光，8h 后，在黑暗处相距 15m 处仍能看见其发出的亮光，则认为该夜光印花织物夜光效果良好。或先将夜光印花织物在 D65 光源下，激发照射 20min，然后放入黑暗中，用 ST90OOPM 型微弱光度计测定光的强度，并记录光强度随时间衰退变化情况，一般在 $300 \sim 16500mcd/m^2$ 范围视为有夜光效果，当光强度小于 $300mcd/m^2$ 时，视为无夜光效果。

七、发光颜料的存放、应用情况及夜光印花产品用途

1. 发光颜料的包装、运输、贮存

发光颜料的包装：发光颜料产品用防水塑料袋作内包装，并加干燥剂；用纸板箱或铁桶包装作外包装，也可根据客户要求，采用其他形式的包装。

发光颜料的运输：发光颜料运输时，需防止机械碰撞、挤压，保持包装完整，

防止日晒、雨淋，不准倒立。

发光颜料的贮存：发光颜料应贮存于通风、干燥的环境中，注意防潮。

2. 发光颜料的用途

发光颜料应用广泛，总结如下。

标识位置：发光颜料可用于电器开关、遥控板、墙壁开关、插头、插座、锁、手提电筒、门把手、扶手、灭火器材、火警报警器、救生用具等，可标识其存在的位置，方便使用。

防止危险发生：发光颜料可用于信号、注意事项书写、紧急疏散通道、地铁车站、地下通道、人防工程、卡拉 OK 厅、歌舞厅、放映厅、超市卖场、医院、火车站、机场、码头、避难场所等，可以起到防止危险发生的作用。

建筑物：发光颜料涂于建筑物墙壁、瓷砖、电梯内表面、桥梁、道路（如路牌、路灯、路障、港口、户外广告）等表面，不仅漂亮，而且有实际价值。

其他：如工艺品（琥珀、水晶砂、玻璃、绘画），玩具（塑胶玩具、拼图、积木），服饰（鞋帽、手套、工作服、T 恤衫、文化衫、头盔、印花服饰），挂历，钓具等。

3. 夜光印花面料的用途

夜光印花面料在黑暗中能显示晶莹发亮、美丽多彩的图案，产生栩栩如生的动态印花效果，如印制“孔雀开屏”、“昼夜转换”等图案，给人以变化无穷、动感生动的乐趣，美化人们生活，提高产品档次；并可作为特殊场合的服装，尤其适合灯光频繁变换的环境，如舞会、晚会、演出等场所中使用的服装、背景布、装饰物等。还可作为夜间工作人员的服装，以确保夜间行人行走安全，如作为各种夜行服（夜礼服）、地下矿工服、铁路行车人员服装、环卫工人服装、警察服装及其他夜间工作人员专业服装上的标志，便于在黑暗中识别。蓄光印花织物的装饰效果非常显著，特别是在学生、儿童等服装及休闲服、室内装饰品等方面应用较多。此外，夜光材料在路标、安全疏散指示系统中都发挥着重要作用。总之，夜光印花是一种能提高产品附加价值的特种印花方法，如果能开发设计出新颖独特的花纹图案，夜光印花产品必将有更广阔的市场前景。

第二节 荧光印花

一、荧光印花特点

荧光涂料是一种有色的荧光增白剂，其能吸收近紫外光，然后反射出较长波长的可见光，并能吸收可见光波中某一波长的光，而显示出一种颜色。其特点是在紫外线照射时发光，在停止照射时就不发光。荧光印花（fluorescence printing）

是将荧光染料或涂料印制到织物上，所得到的一种在紫外线照射下，能反射出可见光，使织物的亮度增加的印花方法。在含有紫外光的光源照射下，荧光涂料印花织物的花纹处除了显示一定的色泽外，还能产生荧光效果，色泽鲜艳明亮，光彩夺目，布面上的花纹图案具有“暗中透亮”的效果，进而提升产品的美观效果和档次。目前用于纺织品印花的荧光涂料有十几种，大都是国外进口的。颜色有嫩黄、金黄、橘黄、艳橙、艳红、妃红、玫瑰红、品红、紫、艳绿、天蓝、宝蓝等。荧光印花常被用于功能运动衣、泳装、T恤衫等面料的印花。

二、荧光印花工艺

荧光涂料印花工艺与普通涂料印花相同，印花时，将含有荧光涂料所调制成的印花色浆印制在织物上，然后借助胶黏剂的作用及适当的焙烘条件将荧光涂料牢固地固着在织物上，以保证荧光印花涂料的染色牢度。

1. 荧光涂料与其他涂料共同印花

(1) 印花色浆处方举例

荧光涂料	100～400g
其他涂料	适量
尿　　素	0～50g
网印胶黏剂	200～400g
交联剂 FH	0～50g
A 邦浆	300～350g
水	适量
合计	1000g

(2) 印花工艺流程　印花→烘干→焙烘（焙烘条件随选用的胶黏剂、交联剂结构种类及反应性不同而定；选用低温型胶黏剂和交联剂，焙烘温度可以降低，或只烘干，不焙烘）。

2. 荧光涂料与活性染料共同印花

(1) 印浆处方　除不加交联剂外，其他与荧光涂料印花相同。

(2) 印花工艺流程　印花→烘干→固着→水洗→皂洗→水洗→烘干。

荧光涂料印花设备可选用平网印花或圆网印花，筛网目数应根据荧光涂料的颗粒大小确定，一般为 40～60 目。胶黏剂宜选用自交联型，配以乳化糊，不能影响印制的产品荧光度和色牢度。增加荧光涂料的用量，可以提高荧光度，但当荧光涂料的用量达到 30%后，荧光度已达到饱和，不再随荧光涂料用量的增加而增加。荧光涂料一般只能单色使用，除非相邻色，否则会影响荧光度。

三、荧光印花中需注意的问题

① 荧光涂料印花存在的主要问题是耐气候牢度不够理想。耐气候牢度与荧光

涂料的分子结构、荧光涂料的颗粒大小有关。为了提高耐气候牢度，荧光涂料的颗粒通常较大，所以对所用的胶黏剂有一定要求，要求胶黏剂黏结牢度高、透明度好。此外，胶黏剂还会影响荧光涂料的皂洗牢度、摩擦牢度，适当增大其用量，色牢度提高，但织物的手感硬度增大。一般采用自交联型胶黏剂。荧光涂料的印花工艺与普通涂料印花相仿，能与普通涂料、活性染料、分散染料等共同印花。

② 荧光涂料印花固着方法对牢度也有影响，固着方法及条件取决于胶黏剂的性能和成膜要求等。

③ 在滚筒印花时，荧光涂料最好排在倒数第二只，这样再经一只花筒压过后，有助于提高牢度。

④ 调制的荧光涂料印花色浆一定要保证均匀，而且各助剂之间的相容性和稳定性一定要好。

第三节　变色印花

一、变色印花特点、意义及产品用途

变色印花是将特殊的变色材料通过印花的方式印制在织物上，获得织物印花处的色泽随外界环境条件变化而变化的一种特种印花方法。变色印花产品花纹图案的色彩随环境条件的变化（如温度、湿度、光线强弱等变化）而发生可逆变化，具有变幻莫测的动态色彩效果，与一般普通静态印花不同，为人们的生活增添了无穷情趣，给人以赏心悦目的感觉。该类印花产品可用作登山服、滑雪服、泳衣、童装、睡袋、毛巾等各类服装用品及装饰用品。此外，变色材料也可用作其他用途，如可以用于监测环境温度、湿度、紫外线强度等条件的变化等，因此变色印花及其变色材料的应用是很有意义的。

二、变色材料种类及其变色原理

变色材料按导致发生颜色改变的外界因素的不同，变色材料种类分为：光变色、热变色、酸碱度变化变色、湿变色、压力变色、电致变色材料等。通常变色印花使用的变色材料具有能随光照强度不同、或大气环境的温度不同、或大气湿度不同，或所受压力不同等，结构发生可逆变化，从而引起其对可见光吸收光谱的可逆变化，色泽发生可逆变化的特性，因此变色印花所用的变色材料主要包括：光敏、热敏、湿敏、压敏等变色物质。将光致变色或热致变色等材料印制在织物上，使织物上花纹部位的颜色随外界光强弱或温度高低等条件的变化而发生可逆变化，从而获得动态印花效果。为了提高变色材料的使用的寿命，也可将这些特

殊的变色物质作为囊芯，用囊膜包裹起来，制成微胶囊，然后调制成印花色浆，印制在织物上，得到耐久性更好的变色印花产品。

1. 光（敏）致变色材料

光致变色材料是一类具有光致变色现象的所有材料的通称。光致变色的原因可用式（2-1）解释，一种化合物 A，其具有一种特定的颜色，在光的照射下，进行特定化学反应生成产物 B，B 的结构不同于 A，A 与 B 的最大吸收波长具有明显的差异，B 显示出另一种颜色，而产物 B 在另一波长的光照射下，又可以恢复到原来的形式 A，而且结构随光照不同发生可逆变化，颜色发生可逆变化，该物质就是一种光敏变色材料。

$$A \underset{h\nu_2}{\overset{h\nu_1}{\rightleftharpoons}} B \qquad (2\text{-}1)$$

式（2-2）为一种螺吡喃类有机光敏变色剂在不同波长光照射下，结构发生可逆变化，颜色发生可逆变化，其是一种光敏变色材料。

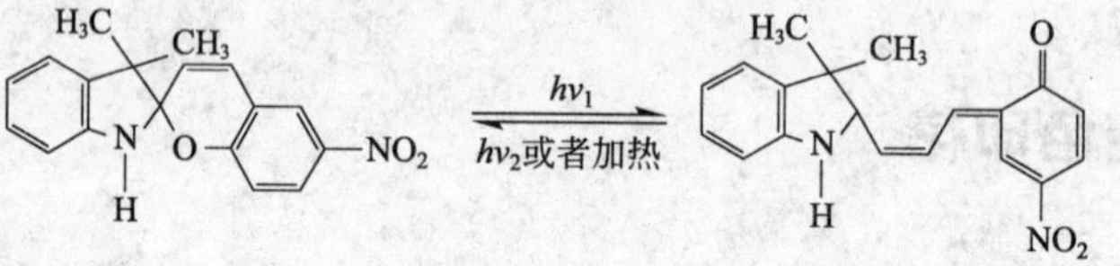

$$\xrightleftharpoons[h\nu_2\text{或者加热}]{h\nu_1} \qquad (2\text{-}2)$$

在紫外光照射下，无色螺吡喃吸收光谱，结构变化（发生开环），最大吸收波长产生红移，而显色。在可见光或热的作用下，开环体又能回复到螺吡喃环结构而消色。天然变色宝石也属于光敏变色体，它在不同光照条件下，如早晨、中午、夜晚和灯光下显示不同颜色，变色反差越大，其价值越高。人工光敏变色剂，如氧化钕玻璃可以随光源变化从浅蓝色变化至粉红色，可广泛应用于人造宝石、变色陶瓷等产品。可将氧化钕微粒与成膜剂、交联剂、增稠剂等调制成印花色浆，印制在织物上，光敏变色剂用量和浆膜厚度影响变色效果，一般印花色浆层薄，变色效果不明显，色变反差小；但印花色浆层厚，虽然能提高变色效果，但织物手感硬度增加，最终导致不符合穿着要求。因此，为了保证印花产品的效果，变色剂的选择很重要，需进一步研究筛选，并且印花色浆组成及印花工艺条件等应选择适当。此外，也存在不可逆变色的光敏变色材料，而应用于纺织品印花的光敏变色材料必须是随光强度变化，颜色发生可逆变化。

2. 热敏变色材料

热敏变色材料（染料或涂料）在不同温度下显示不同的颜色。依据热变色性质，热变色可分为可逆性和不可逆性两类。可逆性变色就是当材料温度达到或超过变色温度时，颜色即发生变化，而当温度降到变色温度以下时，又回复到原来的颜色。不可逆变色则是当材料受热到变色温度时，颜色发生变化后不再随温度下降而回复到原来的颜色。纺织品用的变色材料主要是可逆性变色材料。根据热敏变色材料结构不同，包括有机热敏变色染料和无机热敏变色材料和胆甾型液晶态变色剂三类。

（1）有机热敏变色染料的组成　热敏变色有机染料由隐色体染料、显色剂和增感剂（减敏剂）三部分组成，其化学组成和作用总结于表 2-4。隐色体染料为内酯类化合物，通常闭环时共轭体系中断（共轭体系短），颜色浅或为无色；当其结合质子，开环后，共轭体系增加，颜色变深。显色剂能提供质子，使隐色体染料开环而显色。增感剂（减敏剂）能溶解隐色体染料和显色剂，降低显色温度。这三部分配伍性应该好，为了达到明显的变色效果，隐色体染料内酯的开环和闭环应保持平衡状态，其分子重排的活化能应很低，这样才有高的热灵敏性，变色可逆。当隐色体染料受热，结合质子开环，显色；当冷却时，释放出质子，重新闭环，色泽变浅或变为无色。结晶紫内酯（CVL）、双酚 A 以及溶剂组成的有机热敏变色染料，其中结晶紫内酯为电子给予体（发色剂，隐色体染料），双酚 A 作为电子接受体（显色剂），提供质子，加热时与结晶紫内酯隐色染料作用，形成蓝色染料，冷却后又分解出原来的无色内酯。其电子的授受随温度呈可逆变化。见式（2-3）。

CVL无色 + 双酚A ⟶ 蓝色有机物 (2-3)

表 2-4　有机热敏变色染料的组成和作用

组分	所占比例/%	在变色体中的作用	功能	常用化学组成
隐色染料	3.5～4	电子给予体，能结合质子	决定颜色	内酯类化合物、邻苯二甲酸二烯丙酯、吲哚类等
显色剂	7～8	电子接受体，能放出质子	决定变色深浅	酚类、羧酸类、苯并三唑、硫尿、卤代醇、硼酸及其衍生物，磺酸类等
增感剂（减敏剂）	88～89.5	能溶解染料和显色剂，控制变色	决定变色温度	脂肪醇、脂肪酸及其酯，硫醇、芳烃及其醚和酯、酰胺类等

因此有机热敏变色染料的 3 个组分都有其相应的作用，总结如下。

① 组分 1-隐色体染料的作用　电子给予体，接受质子，决定颜色，属于发色剂，

式（2-3）有机热敏变色剂中，CVL 为隐色体染料（三芳甲烷类内酯结构，为无色）。

② 组分 2-显色剂的作用　电子接受体，决定变色深浅，提供质子，上式双酚 A 为显色剂。

③ 组分 3-增感剂的作用　溶解组分 1 和组分 2，建立平衡体系，可降低显色温度。决定变色温度，如式（2-3）中的溶剂组分。

在一定温度下，发色剂与显色剂反应，CVL 隐色体染料接受质子，开环，显出蓝色，该反应随温度变化，隐色体染料结构发生可逆变化，颜色发生可逆变化。

隐色体染料与显色剂之间存在供吸电子效应，使隐色体结构发生变化，开环或闭环，从而对光的吸收性能发生变化，导致颜色发生变化，再用增感剂来促进这两个组分建立一个供吸电子平衡体系，以达到控制变色温度及可逆变色的目的。

组分 1 常用一些内酯类化合物（三芳甲烷类内酯）作为隐色体染料，组分 2 是带有酚羟基的化合物，组分 3 可用适当的醇类、酯类、酰胺类、醛类或醚类等试剂。

（2）无机类热敏可逆变色材料　有些无机变色剂是一种结晶物质，在一定温度作用下其晶格发生位移，晶型发生改变，即由一种晶型转变为另一种晶型，从而导致颜色改变。当冷却至室温，晶型复原，颜色也随之复原。用这种无机变色剂制成的热敏变色颜料，其颜色变化是可逆的。如正方结晶体的碘化汞（红色）当加热至 137℃时变为青色斜方晶体。冷却至室温后，恢复成原来的正方结晶体，颜色复原，变为红色。

某些含结晶水的盐，具有一种颜色，当加热到一定温度后，会失去结晶水，颜色改变。冷却后又能从空气中吸收水分子形成含结晶水的盐，恢复原来的颜色。这类物质多为带结晶水的无机 Co、Ni 等盐。如式（2-4）氯化钴随温度变化，结晶水的得失发生变化，导致色泽发生可逆变化。一般无机物变色体变色温度高，不易控制，在纺织品变色印花中应用不多。

$$\underset{\text{粉红色}}{COCl_2 \cdot 2C_6H_{12}N_4 \cdot 10H_2O} \overset{\triangle}{\rightleftharpoons} \underset{\text{天蓝色}}{COCl_2 \cdot 2C_6H_{12}N_4} + 10H_2O \tag{2-4}$$

一些无机类可逆温致变色材料的变色温度及其颜色变化见表 2-5。

表 2-5　无机类可逆温致变色材料的变色温度及其颜色变化

变色材料	变色温度/℃	颜色变化
$C_0Cl_2 2C_6H_{12}N_4 \cdot 10H_2O$	35	粉红→天蓝
$C_0Hr_2 2C_6H_{12}N_4 \cdot 10H_2O$	40	粉红→天蓝
$C_0I_2 2C_6H_{12}N_4 \cdot 10H_2O$	50	绿→蓝
$NiHr_2 2C_6H_{12}N_4 \cdot 10H_2O$	60	绿→蓝

续表

变色材料	变色温度/℃	颜色变化
$NiCl_2 2C_6H_{12}N_4 \cdot 10H_2O$	60	绿→黄
$CoSO_4 2C_6H_{12}N_4 + 10H_2O$	60	粉红→紫
$Co(NO_3)_2 C_6H_{12}N_4 \cdot 10H_2O$	75	粉红→鲜红
Ag_2HgI_4	50	黄→橙
Cu_2HgI_4	70	红色→紫色
HgI_2	137	红→蓝

(3) 胆甾型液晶态变色剂　胆甾型液晶分子呈扁平形状，排列成层，层内分子相互平行，并沿层的法线方向排列成螺旋结构。该类变色剂温度效应强，随温度的变化，胆甾型液晶态螺旋结构变化，进而引起此类物质对光的折射、反射性变化，色泽发生变化。印光时可将染料或涂料混入液晶中，还可将液晶物质制成微胶囊，分散在聚氨基甲酸酯的预聚体中，并与成膜剂、交联剂、增稠剂混合，调制成印花色浆，印制在织物上。在日光下，随温度的升高，液晶的色彩按红、橙、黄、绿、蓝、靛、紫的顺序变化，温度下降又按相反顺序变色。高灵敏度的胆甾型液晶态在不到1℃的温差内就可显出整个色谱。在表面光滑的黑色织物上印制上胆甾型液晶态热敏变色材料，可获得一种变幻彩虹效果的印花产品。但此类变色剂价格昂贵，目前大面积应用还有困难。

(4) 不同热敏变色剂的性能比较　不同结构的热敏变色剂，变色范围不同，稳定性不同、价格不同，总结见表2-6，目前应用最多的为有机类热敏变色剂。

表 2-6　不同种类的热敏变色剂性能比较

变色剂种类	主要性能指标					
	变色范围/℃			变色形态		颜色选择性
	−50～0	0～50	50～100	有色→无色	色A→色B	
无机	低劣	可用	可用	低劣	良好	低劣
有机	良好	良好	良好	良好	良好	优异
液晶	可用	良好	良好	低劣	良好	可用

变色剂种类	主要性能指标				
	色彩鲜艳性	变色灵敏性	耐光性	二次加工性能	安全性
无机	可用	可用	优异	低劣	低劣
有机	优异	良好	可用	良好	优异
液晶	良好	优异	良好	可用	良好

3. 湿敏变色材料

湿敏变色材料按其结构分为无机和有机两类，湿敏变色无机涂料变色灵敏度较低，变色的颜色深度也不高，因此现在采用的湿敏变色材料主要为有机变色涂料。

三、变色印花种类

变色印花是利用变色材料的变色性质，使纺织品上的花纹图案随着周围环境的光源、温度、湿度等的变化而呈现不同色泽的变化。根据变色剂种类不同，常见的变色印花包括以下几种。

1. 光变色印花

光变色印花色浆中使用含有数种高科技的紫外光激发活性微胶粒感光变色材料，将其与适当助剂混合在一起（成膜剂、交联剂、增稠剂等），调制成印花色浆，印制到织物上。当印制后的产品经阳光和紫外线照射时，变色剂能吸收阳光、紫外线的能量，色彩瞬间发生变化，阳光越强，色彩变化越大，离开阳光，色彩即可恢复原状，即织物上的颜色随日光强度的变化，以及人工光与自然光差异而发生可逆变化。可由无色变为有色，或由一种颜色变为另一种颜色，如从蓝色变为蓝紫色等。图 2-3 为一种光敏变色印花产品。

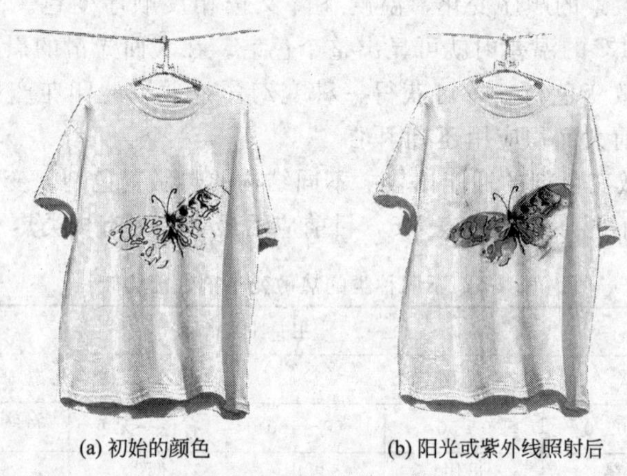

(a) 初始的颜色　　(b) 阳光或紫外线照射后

图 2-3　光敏变色印花产品

2. 感温变色印花（热敏变色印花）

感温变色印花又称为热敏或示温印花，它是根据光学和热学原理，织物印花部位的热敏变色材料在常温下是一种颜色或无色，当外界温度变化时，面料上所印的花位色彩瞬间发生变化，其颜色可随着外界温度变化及人体的体温变化而发生可逆变化。此工艺生产出的产品具有令人意想不到的“色彩温度计”的效果。依据此原理，人们可以开发一种能指示发热的服装，即用可以在人体正常温度上下发生变色的热变色剂调制印花色浆，印制变色印花产品，人们穿着此类服装可以指示人体体温是否正常，一旦穿着者发热，不用温度计测量体温，就能第一时间被人们察觉，从而开发出新用途的印花产品。目前市场上的变色印花产品主要为热敏变色印花产品。若将光变色印花工艺与感温变色印花工艺相结合，会使产品色彩变化无穷，进一步提升产品档次。

3. 水、湿变色印花

用随水分或湿度变化而发生色泽变化的变色剂印制印花产品，该助剂是运用了多种物理和光化学原理，用此类助剂印花的产品遇水时，面料上的变色剂与水发生瞬间的复杂变化，呈现预先设定的丰富图案（要求变色反差一定要大），当面料表面的水蒸发后，又显现出原始的图案。此类变色剂可以生产出“神奇变色泳衣”、“神奇变色雨伞”等一系列变化多端的变色产品，具有广阔的市场前景。

四、印花用变色剂的基本要求

不是所有变色材料都可应用于纺织品变色印花，应用于变色印花的变色剂应具备一定的条件要求。主要要求有：无论哪种变色剂均要求变色剂的色泽能随自然环境条件变化而发生可逆变化，可无限次重复；变色条件应在日常使用的环境范围内，如变色温度在15～35℃之间，或变色湿度在45%～85%之间，变色条件不能太剧烈，不能超过日常环境条件的变化范围；变色色相反差应较大，效果要明显；此外，要求变色剂应用方便，成本较低，对身体无毒、无害，色牢度好。但目前的变色产品都不够理想。可将微胶囊技术（将在多色微点印花处介绍）应用到制备纺织品用变色染料（涂料）中去，使得变色印花纺织品的性能得到提升，牢度提高。变色印花产品应能保证印花产品质量，不仅能给人以美的动态视觉享受、提升产品档次，而且可以开发印花产品的新用途。

五、变色印花工艺

1. 热敏变色印花工艺

热敏变色印花也称温变色印花，热敏变色物质包括无机物、有机物、液晶变色体。变色原因随变色剂结构类型不同而不同，无机晶体受热后失去结晶水、晶体结构变化、伸缩性变化，而液晶变色体随温度变化，螺旋结构变化，进而引起此类物质对光的折射、反射性能发生变化，导致色泽发生变化；有机物随温度变化，导致顺反结构发生可逆变化，或共轭体系长短发生变化，吸收光的波长发生可逆变化，从而引起色泽发生可逆变化。无机物变色体变色温度高，不易控制，液晶变色体存在价格贵，因此目前用于纺织品热敏变色印花大都采用热敏变色有机涂料或染料。通常把热变色有机染料加工成微胶囊，然后调制成印花色浆，再印制到织物上，以延长变色印花织物使用寿命。

(1) 有机热敏变色涂料印花色浆组成　热敏变色涂料在纺织品上的印花主要是采用微胶囊化技术，先将热敏变色染料加工制成微胶囊。热敏变色有机染料由隐色体染料、显色剂和增感剂（减敏剂）三部分组成，然后加入成膜剂、交联剂、增稠剂等，调制成印花色浆。

热敏变色涂料印花处方（%）

变色涂料（包括敏化剂、增色剂）	2.5～45
普通涂料	0～1.5
胶黏剂	适量
增稠剂	适量
交联剂	适量

(2) 热敏变色印花的工艺流程　热敏变色涂料的印花工艺基本上与普通涂料印花工艺一样，流程为：热敏印花涂料浆的配制→印花→烘干（100℃，3min）→焙烘（120～150℃，3～4min）→（水洗→烘干）→整理→成品。

热敏变色涂料印花主要采用平网印花，由于色浆中的变色涂料中含有微胶囊，为防止微胶囊的囊膜破裂和堵网，一般采用 80 目的低目数平网。并注意选择合适的焙烘温度，焙烘温度过高，会对热敏变色剂结果破坏、囊膜过早破裂。彩图 4 为一种热敏变色印花产品。

2. 光敏变色印花工艺

光敏变色印花也称光变色印花，最早用于光记录系统，存贮信息。天然变色宝石属于光变色体，其价格贵，很难用于纺织品印花；人造变色体有氧化钕，其在玻璃制品中有应用，在纺织品中印花时，印层薄时，变色效果不明显。此外，有光变色有机染料，其随光照强度变化，分子结构式发生可逆变化，如产生顺反异构体，或发生开环或闭环反应，使颜色发生可逆变化。这类染料的耐光牢较差，经过一段时间的光敏循环变色后，会出现不可逆现象，目前很难直接用于纺织品印花。可制成微胶囊，以提高其稳定性。印花工艺同涂料直接印花工艺。

3. 湿敏变色印花工艺

湿敏变色印花主要是随大气中的湿度变化，变色剂结构发生可逆变化，进而引起变色，按变色剂结构不同分为无机和有机两大类，湿敏变色无机涂料变色灵敏度较低，变色的颜色深度也不足，因此现在大多数湿敏变色材料采用有机变色涂料。

(1) 湿敏变色有机涂料色浆组成　湿敏变色有机涂料色浆主要为湿敏变色涂料、敏化剂、胶黏剂和增稠剂组成，其色泽变化必须是可逆的，当空气环境湿度达到一定值，湿敏变色体的分子结构发生变化，其对可见光的吸收性能发生改变，导致色泽发生变化。

湿敏变色有机涂料色浆组成（%）：

湿敏变色涂料	12～8
敏化剂	0～15
胶黏剂	25～35
增稠剂	适量
合成	100

(2) 湿敏变色印花的工艺流程　印花→烘干→焙烘（150℃，3min）→成品。

六、变色印花应注意的技术难点

① 变色印花色浆调制注意问题：色浆应调制均匀，颗粒在 20μm 左右；色浆中加入敏化剂、增感剂可提高变色性能，降低变色温度；变色剂可制成微胶囊，以提高其稳定性；并可与其他染料或涂料拼混，增强变色效果。同时色浆最好现配现用。

② 适当增加印制的印浆层厚度，变色效果明显增加，但是浆层过厚，织物手感僵硬，色牢度降低，因此印制印浆层厚度应控制合适。

③ 印花网目数适宜，应保证良好的透网性，平网网目数选 80～100 目，圆网网目数选 60 目。

④ 印花后热处理温度不能太高，避免变色物质丧失可逆变色的功能。

⑤ 变色印花产品水洗牢度较差，注意洗涤方法，最好采用干洗。

第四节　浮水映印花

一、浮水映印花的特点和意义

当纺织品为干态时（干的白布或干的色布），布面不显示花纹图案，当织物遇水后，织物上呈现出花纹图案，织物上的水分挥发干燥后，花纹图案又消失，而且可以循环往复无数次，这种随着织物上有无水分，花纹图案呈忽隐忽现的动态效果的印花称为浮水映印花。浮水映印花亦称浮水印印花或水中映花。浮水映印花起源于纸张上的防伪标记或传递密文。纺织品上的浮水映印花可应用于沙滩裤、泳装、雨衣、雨伞、毛巾和作为产品防伪标志等，浮水映印花适合于应用在有水环境下使用的产品，能为人们的生活增添无穷的情趣。

二、浮水映印花原理

浮水映印花色浆在织物上形成一层透明薄膜的花纹图案，但干态时，布面上看不见花纹图案，当遇水后，由于织物表面水层厚薄不一，产生不同的折射率，引起色泽不一样，产生出明显的花纹图案。

三、浮水映印花工艺

1. 浮水印花浆的组成

浮水映印花色浆主要由透明结膜剂和印花糊料所组成，处方如下（g）：

透明结膜剂	10～20
结膜促进剂	5～10
原糊（增稠剂）	0～85
合成	100

2. 浮水映印花工艺过程

白布或浅色织物上印花→烘干（100℃，3min）→焙烘（160℃，3min）。

浮水映印花可在圆网、平网印花机上连续进行，也可在手工台板上间歇式印制毛巾或衣片。要获得良好的浮水映印花效果，印花布的地色最好是中浅色泽，在白地或黑地色上印花效果欠佳，这主要由于它们的折射率相差太小，色泽差异小，印花效果不明显。

四、浮水映印花技术难点

① 浮水映印花织物的特点就是织物在干态时不显示花纹图案，看不见花型的痕迹，但当遇到水分后，要立即呈现出明显的花型，这是浮水映印花的技术关键。如果织物在干态时已能看到花纹图案，就达不到浮水映印花效果。浮水映印花浆膜应为透明的物质，不仅要与纤维具有良好的亲和力，而且要能在织物上形成坚牢的薄膜，并且有良好的耐水洗性能。印花糊料的选择一定要与透明结膜物质相容性好，而且成糊率要高，以获得优异的手感。为使透明结膜物质稳定，印花后具有良好的耐水性能，可在印花色浆中添加特殊的结膜促进剂。

② 浮水映印花织物的色牢度特点是：经皂洗后的织物，用熨斗平整地熨烫一下，浮水映效果仍然很明显。

③ 浮水映印花效果与水的温度有关，在5～25℃的水中效果明显，水温太高，效果则变差。

此外，有一种隐色（隐形）印花纺织品，它是应用现代染整高新技术，对织物进行特种印花和整理，使织物表面不同部位同时具有疏水性和亲水性。在织物印花和整理中，将传统的染料色浆印花改为无染料的吸水白浆印花，同时又将传统的织物防水整理改为局部防水整理（用防水剂配置印花色浆，进行印花），这样在同一种织物上经局部亲水印花和局部防水印花。加工整理的织物部分吸水性强，而另一部分疏水性强，织物浸入水中，由于疏水、亲水部分含水不同，亲水性大的部位，快速吸水，颜色变深，导致花纹深浅不一，与干织物花纹图案不一样，产生动态变化的花纹图案，此印花织物为隐形印花纺织品，该纺织品也具有动态花纹图案效果，干时无花纹图案（或一种印花图案），遇水时显示花纹图案（或显示与干态不同的花纹图案）。此纺织品特别适合用于作游泳衣、潜水服、浴巾、沙滩休闲服等与水接触的面料。该纺织品的印花工艺过程是先在织物上印普通的印花色浆（如棉织物用活性染料印花色浆印花）→烘干→蒸化固色（102℃，8～10min）→水洗→松式烘干→在织物上同时印制高吸水浆（亲水硅乳、增稠剂、A邦浆）、防水浆（防水剂、增稠剂、A邦浆）→

蒸化（助剂固着）→水洗→松式烘干→拉幅。

第五节 水写乳白印花

一、水写乳白印花特点及意义

水写乳白印花织物就是在织物上印上特殊乳白印花浆，然后烘干。该产品能用水笔或毛笔蘸水书写或绘画。当水写时，既能立即产生有颜色的文字或图案，当织物上的水分挥发干燥后，文字或图案退去，织物又呈现乳白色，又能继续书写或绘画，可周而复始循环使用，该产品可用于小朋友绘画、练字和书法练习，由于用自来水书写和绘画，无色、无味、无污染，并可循环使用，因此开发该产品具有重大意义。

二、水写乳白印花工艺

水写乳白印花色浆的组成及工艺如下。

水写乳白印花色浆是由地色印花浆和遮盖乳白印花浆两部分组成，因此水写乳白印花织物是通过地色印花和遮盖乳白印花这二次全满地印花工艺完成。地色印花色浆可以是一般普通涂料印花色浆、荧光涂料印花色浆、活性染料印花色浆及分散染料印花色浆等，但要求色泽鲜艳亮丽。遮盖乳白印花浆是由特殊的高分子材料与增稠剂组成，特殊的高分子材料能遮盖地色，并且遇水变色，由无色变为有色，当水分挥发干燥后，又转变为无色，而且这种变色是可逆的，可以循环无数次，因此水写乳白印花使用的特殊高分子材料是一种对地色有遮盖能力的水致变色材料。

三、水写乳白印花浆的要求

要获得优异的遮盖效果和书写效果，水写乳白印花色浆中的特殊高分子材料一定要经过筛选和测试，调制成的水写乳白印花浆一定要控制它的白度、黏度、浓度、刮印性、流度性、黏度指数、成膜性、膜的坚牢度和贮藏稳定性等。同时保证水写乳白印花产品具有良好的摩擦和耐折痕等色牢度。

四、水写乳白印花产品的要点

① 水写乳白印花织物一般是二次全满地印花，印花时一定要注意色泽均匀，防止露底、不匀等疵病，以防影响遮盖乳白浆的遮盖效果。

② 水写乳白印花织物的特点是用水笔或毛笔书写时一定要变色反应灵敏，也

就是在书写时，立即能显示颜色，要有笔韵效果，不要有迟后显色现象。

③ 水写乳白印花织物的色牢度，主要是考核它的摩擦牢度和折痕牢度，而水洗牢度一般不要求。水写乳白印花织物的特点是反复书写，反复挥发干燥，能无数次循环使用。所以乳白印花浆选择非常重要，并在织物上能覆盖一层完整的乳白印花浆膜，使书写效果保持长久。

第六节 回归反射印花

一、回归反射印花特点

回归反射印花又称高光泽印花，或称为反光印花，是将特殊的回归反射基材（反射涂料），通过印花的方式印制到织物上，使得花位的部分区域或者全部区域具有很高的反光特性，在夜间花位本身不会发光，但当有外界光源照射（如灯光照射）时，高反光物质发挥作用，将光线全部按原入射光方向反射回去，使印花部位闪闪发光，呈现高亮度状态。因此回归反射印花织物在光线的照射下，能反射出亮丽的强光芒，特别是在夜晚灯光的照射下，反射出醒目强烈光芒，因此，在夜间露天工作或黑暗场所活动的人员穿着或携带具有回归反射材料的服装或服饰，在遇到光线照射时，如汽车的头灯照射下，由于这种服装或服饰具有回归反射的功能，会产生醒目的光芒效果，提高自身的能见度，从而使处于黑暗处的人员很快被发现，有效地避免事故的发生，确保人身安全。所以用特殊的回归反射基材可以制作成特殊用途的纺织产品，如夜间交通警察穿戴的服饰，或其他夜间作业人员的服装、服饰、背包等，如图 2-4 所示为一种含有回归反射材料的产品。回归反射基材除了可以印制在纺织品上之外，也可以涂在高速公路两旁，或其他路旁的指示牌上，使夜间行驶的驾驶人员看清路面情况，更安全地行驶。

二、回归反射印花原理

1. 回归反射基材的组成及其要求

回归反射印花必须使用一种特殊的回归反射基材，其由聚酯薄膜、过渡层、反射体、反射层、黏结层（印花浆）、转移膜（转移浆）等多种材料复合组成（见图 2-5），为使回归反射效果好，具有良好的“镜面”反射效果，一般反光强度要大于 $10cd/m^2$，各种材料需按一定顺序平整排列，即聚酯薄膜的平整度要好，过渡层的涂层厚薄要均匀一致，反射体一般为透明的无色或有色玻璃珠或塑料珠，颗粒大小一定要均匀，排列必须整齐密集；反射层一般采用真空镀铝法使表面覆盖一层反射效果好的铝层，要求反射层表面必须均匀完整；黏结层或印花浆的主要作用是将反射体和反射层与转移膜连接在一起，黏结层或印花浆要求具有较好的黏结牢度、耐洗、耐高温、延伸性、遮盖性和手感等，一般可使用热塑性树脂和热固性树脂的拼混物，因不同结构胶黏剂，性能不同，热塑性树脂手感柔软，但摩擦牢度及遮盖性不如热固性树脂好；热固性树脂由于能形成三维网状结构，黏结性强，牢度好，但手感较差，因此实际应用时，可根据具体要求，选择合适的拼混比，即考虑牢度，又要兼顾手感，对于手感要求高的服装面料，热塑性树脂的拼混量大些，而对于手感要求低的装饰类产品，热固性树脂的拼混量可大些。转移膜或转移浆的作用为将回归反射基材中的黏结层涂覆在织物上的转移膜上，要求转移膜或转移浆具有一定的延伸性，对大多数被转移物要有良好的亲和力，可黏结较广泛的材料，一般选用乙烯-醋酸乙烯共聚物热熔胶膜和聚丙烯酸类浆（该浆印制的产品色牢度较好，但手感不如聚氨酯）或聚氨酯类浆（该浆印制的产

图 2-4　一种含有回归反射材料的产品

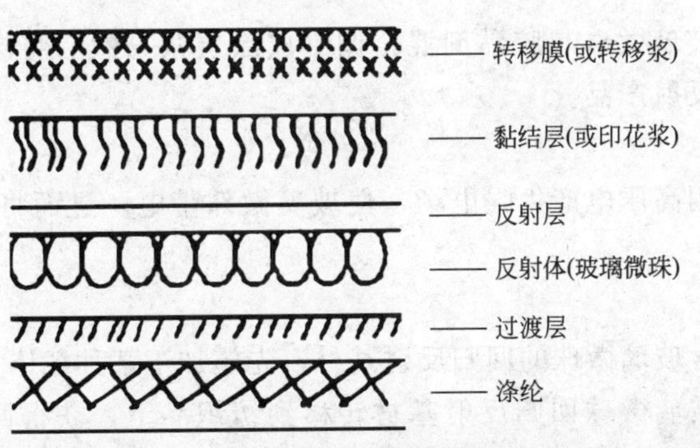

图 2-5　回归反射基材横截面结构示意

品手感好，但成本较高）组成转移浆。同时浆膜厚度要适度，对于疏水性纤维印制的浆膜应薄一点，一般 2μm 左右，对于亲水性纤维印制的浆膜应厚一点，一般在 8μm 左右。

2. 回归反射印花产品具有强烈反射光芒的原理

回归反射织物俗称定向反光布或反光布。回归反射印花使用一种特殊结构的回归反射基材，将其印制在织物上，其反光原理是由于其特殊结构，当光照射到回归反射基材时，基材中的反射体（一般为玻璃珠）能将收集到的光线折射后聚焦到反射层表面，反射层能将多数光线沿原路反射回去，形成回归反射光，使印花织物具有强烈光芒（图 2-6）。回归反射基材中的玻璃微珠尺寸与反光强度有很大关系，图 2-7 为微珠目数与反光强度的关系曲线。由图 2-7 看出微珠粒径太小、太大都会影响回归反射产品的反光强度，微珠目数选择在 250～300 目时，回归反射产品的反光强度最大。

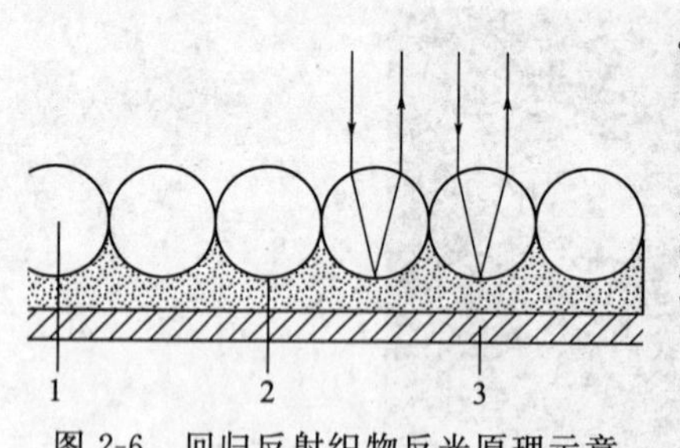

图 2-6 回归反射织物反光原理示意
1—反射体玻璃珠；2—印花浆膜；
3—被印材料

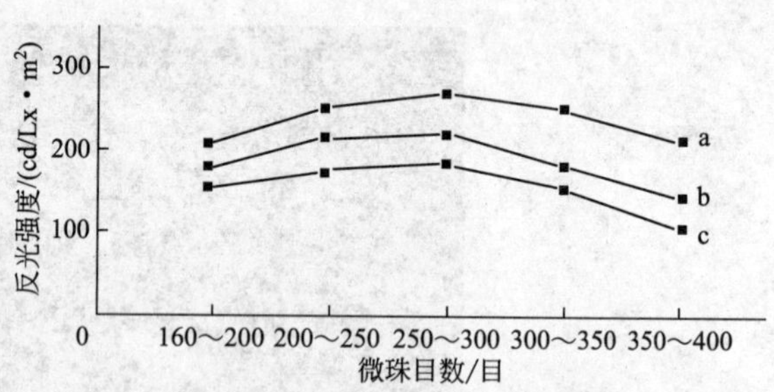

图 2-7 微珠目数与产品反光强度的关系
（a、b、c 分别代表不同的反光材料）

三、回归反射印花工艺

回归反射产品加工方法一般有 3 种。

1. 涂珠法

该方法是将玻璃微珠与胶黏剂混合调制成涂层浆，然后将涂层浆涂刮于织物上，生产出回归反射产品。

2. 植珠法

该方法是利用高压电产生强电场，使玻璃微珠带电，进而将其吸附于织物上，称为静电植珠法。

3. 转移法

该方法是将含玻璃微珠的回归反射基材，先施加于某种载体上，再经过一定加工工序，最后使玻璃微珠回归反射基材转移到纺织品上，获得回归反射产品。不同方法生产的回归反射产品，具有不同的特点，表 2-7 为这 3 种方法生产的回归反射产品性能和特点的比较。

表 2-7 不同加工方法的回归反射织物的性能、特点比较

加工方法	反光强度	外观	手感	加工难度	设备投资	成本	产品适用范围
涂珠法	偏低	不均匀、不细腻	粗糙	工艺流程短，加工相对容易	相对低	低	以民用为主，达不到发达国家特殊领域工装对反光性能的要求
植珠法	低、中亮	均匀、细腻	较粗糙	介于涂珠法与转移法之间	中等	稍高	以布的形式为最终产品，可缝纫到服装等上
转移法	低、中、高亮均可控制	均匀、细腻	滑爽	工序复杂，难	相对高	高	使用灵活方便，可以加工成布，也可以电脑刻成图案、字符，转烫到各种基材上，如服装、革、鞋帽、雨衣等，应用领域广

回归反射印花产品通常是采用转移印花方法来实现，这种印花是将回归反射技术和转移印花技术相结合的印花技术，采用热压转移方法，在一定温度和压力作用下，把回归反射基材转移到织物上，其工艺流程为：在织物上印或涂转移浆（或印花浆）→复压（将含玻璃微珠的回归反射基材先施加于某种载体上，再与印有转移浆的织物贴在一起）→烘干（60～70℃，15～35min）→焙烘（135～140℃）→成品。

印花设备可选用间歇式转移印花机，也可使用连续式转移印花机。回归反射印花产品的关键是必须将玻璃珠（或透明塑料珠）的一半埋在浆层中，这样才能获得较好的反射效果及色牢度。

第三章 光敏印花及易去除印花

第一节 光敏印花

一、光敏印花特点

光敏印花又称感光印花，不用制备花网或雕刻花筒，它是利用光导体和静电技术的一种印花方法。

二、可溶性还原染料感光印花工艺

织物先浸轧染液（染液中含有可溶性还原染料、酒石酸、氯化铵、水等）→将印花图案的负片贴在织物上，其上再盖上玻璃板，防止移动→进行感光［负片上有花纹处透明，可溶性还原染料在酸（酒石酸）和氧化剂（空气中氧气）共同存在下，氧化显色，形成不溶于水的还原染料，而负片无花处不透光，织物上可溶性还原染料仍为可溶性状态，碱水洗可去除］→将织物浸入碱液（36Be° NaOH 5mL/L，表面活性剂 1～2mL/L）洗去无花处的可溶性还原染料→再经充分水洗→烘干→完成印花过程。

三、光导体-静电印花

1. 光导体-静电印花原理

光导体-静电印花原理类似于静电（光电）复印技术，光导体-静电印花设备中的重要结构部分为光敏板或光敏转鼓，其由光导体和导电的底基复合物组成，选择 ZnO、CdS、TiO_2、硒及硒的合金或硒/聚乙烯咔唑复合体为光导体，该类光导体物质在黑暗中为绝缘体，曝光后，电阻率降低，变成导电体，将这种光导体黏合（采用聚乙烯胶黏剂）在导电的底基（由涂有金属薄膜基纸张板组成）上，制成一种光敏板或光敏转鼓。图 3-1 为 ZnO 光敏板的结构。

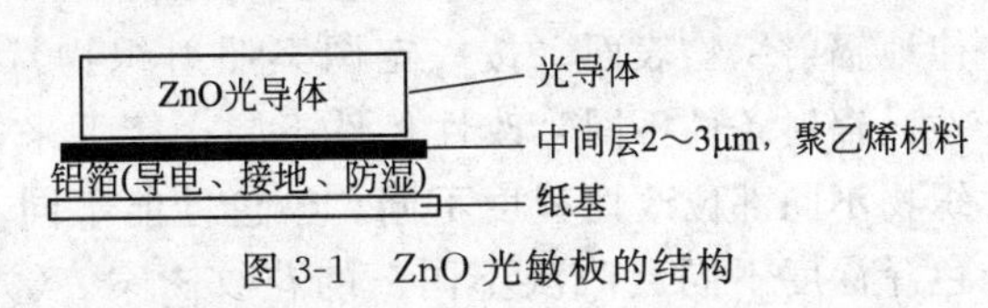

图 3-1　ZnO 光敏板的结构

充电后，光敏板电晕放电，不同的光导体充电后带电不同，ZnO 光导体充电后表面带负电，而硒类光导体充电后表面带正电。由于充电导致光导体带电，曝光后光导体变为导体[由于有花纹处不透明（暗区），光敏板为非导体，其上的电荷不会溢散，电荷存在，而无花处透光（曝光），光导体变为导体，光敏板上的电荷流入底基（接地线），而不带电荷]。因此有花处光敏板上有电荷，会与带有相反电荷的染料之间产生静电吸引作用而显影（染料附着在有电荷处的光导体上），再将染料转移到织物上，并固着。该印花技术通过类似静电复印技术，由光消除静电来成像，进而将花纹图案转移到基材（织物）上。图 3-2 为光导体-静电印花原理示意。

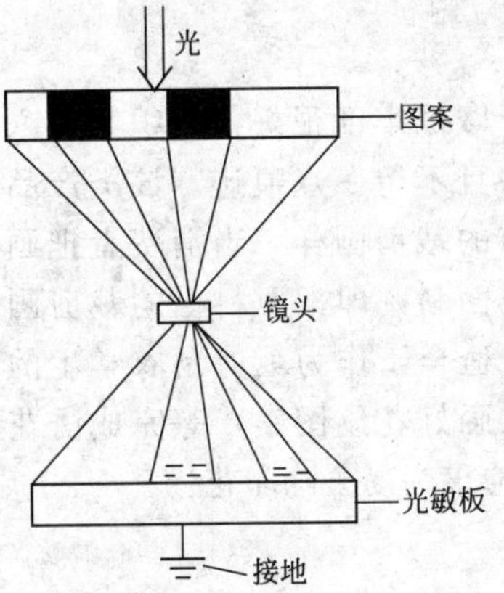

图 3-2　光导体-静电印花原理示意

2. 光导体-静电印花工艺

充电光敏板（7000V 电晕放电，如 ZnO 光导体表面带负电荷）→将花纹图案的正片放在光敏板的上方→曝光[5～10s，有花纹处不透明（暗区），光敏板上的电荷不会溢散，电荷存在，而无花处透光，光敏板上的电荷流入接地线，不带电荷]→显影（如选用分散染料与铁粉，其比例为 3：93），搅拌均匀，产生电荷，使分散染料分子表面带正电，铁粉带负电，通过磁极转套筒在光敏板上运动，带正电的分散染被料吸附在带负电的光敏板上（吸附到有花纹图案处，通过选择合适的染料，可获得不同色泽）→转移印花（将带有染料的光敏板压在已经过电晕放电处理，带负电的涤纶织物上，在一定温度下，压一定时间，光敏板上的染料转移到涤纶织物上）→热溶固色（185～190℃，30s）→后处理→用静电消除器消除织物上的静电，完成印花过程。

四、光敏印花存在的问题及其发展

光敏、静电印花可将花纹图案一次性直接印制在织物上，无需制花网、无需调制印花色浆，无需用喷嘴喷射染液，不耗水，不排污，有利于环境保护，但仍需进一步改进工艺，以提高花纹印制的清晰度，以及扩大纤维种类和染料的应用范围。

此外，还可以利用物理光辐射开发无需调制印花色浆的辐射能印花，有两种获得不同花纹图案的方式。①利用激光、紫外光等高能光，在一定条件下，有规律地辐射织物表面（按一定图案照射织物），使织物表面获得局部物理、化学改性，辐射条件不同，改性条件不同；接下来，将局部改性的织物进行染色。由于织物不同部位改性程度不同，染色性能不同，进而通过一次染色就获得同色相而色泽深度不同（浓淡不同）的花纹图案。②白布先进行均匀染色，然后用激光、紫外光等高能量的光，在一定条件下，按一定花纹图案形式辐射织物表面，使辐射处的染料升华或发生化学分解，进而也可获得同色相而色泽深度不同（浓淡不同）的花纹图案。

第二节 易去除特种印花

一、易去除印花特点及意义

易去除特种印花是指织物上印上花纹图案后，干摩擦牢度很好，当织物浸入水中，或者用水冲洗一下，花纹图案就立即消失，并且不留一点痕迹。该类产品最早是由国外开发的画样面料，即在面料上印上服装的裁剪画样，当消费者把画样面料买回家后，自己裁剪制衣，成衣后，用水冲洗面料，即把面料上的裁剪画线全部去除，并且不留一点痕迹，这种画样面料非常适合于作为裁剪制衣学生的实习材料。此外，在十字绣等绣花产品中，可先手工画好花纹图案，等完成绣花后，再洗去手工绘画的图案，这种手工绘画的图案也应该为易去除印花。

二、易去除印花工艺

1. 色浆的组成

易去除印花的色浆与普通印花的色浆截然不同，它要求印花织物有较好的干摩擦牢度，而水洗牢度要求不高，或者根本没有水洗牢度，要求印花色浆与织物

(纤维) 之间有很强的吸附能力，特别是在干燥时，能牢固地附在织物表面，经受摩擦时不能脱落，而遇到水后，要求该色浆有很好的水溶性，在短时间内能迅速吸水、溶胀、溶解，从织物表面溶落下来。易去除印花色浆是由易洗白粉、易洗白糊和保湿剂等组成，如在浅色或漂白织物上印制，还必须加入着色剂（着色剂对印制材料不应该有亲和力），以便看出印花图案效果。易去除特种印花所用的色浆，通常称为易洗白浆，易洗白浆的处方举例：易洗白粉　10%～50%；易洗白糊　90%～50%；保湿剂　1%～2%。

易洗白粉一般使用无机盐类化合物，例如二氧化钛粉、硫酸钡粉、石灰粉、碳酸钙粉、二氧化硅粉、滑石粉、建筑墙粉、立德粉等。作为织物印花用的易洗白粉，细度一定要小而均匀，一般应控制在 200～600 目，并且应无色，含水率要低。易洗白糊可选用聚丙烯酰胺、聚丙烯醇、聚丙烯酸类合成增稠剂、纤维素类浆料和火油乳化浆等。易洗白糊不仅要与易洗白粉有良好的相容性，而且其本身的稳定性，水溶性要很好，并且有一般糊料所具有的流变性能，以保证印制的花纹轮廓清晰，花型完整。

2. 易去除印花的工艺流程

易去除印花的工艺流程相似于普通涂料直接印花工艺，但不需要焙烘处理。其工艺流程为：色布（或白布）→ 呈形 →用易去除浆印花→ 烘干 → 成品。

三、易去除特种印花的生产技术要求

易去除印花，易洗白浆可为白浆，不加着色剂，适合于在中深色织物上印制乳白浆，但在浅地色面料、漂白面料上印制乳白浆时，应在易洗白浆中加入有色物，这样可印制有色的易去除浆，效果佳，裁剪方便，但要求选择水溶性好，对纤维没有亲和力，易洗去的着色剂。

易去除印花技术主要在棉、涤/棉、黏纤、麻等织物上应用，对纱支和纱密度无特殊要求，并且对织物表面的平滑度、光洁度也无特殊要求，但织物不能经疏水性的有机硅、有机氟之类的整理剂进行拒水整理，以免降低织物的水溶性，更不能为拒水性产品。

易去除印花织物质量保证的关键是印花后织物上的花形（细线条）经水洗后应能立即去除，不能留一点痕迹，因此易去除印花的易洗白粉料和糊料的选择很重要，而且使用量要选择适当，大生产前一定要打样，看效果；否则达不到效果的产品会全部报废。

第四章
多色微点印花及多色流淋印花

第一节　多色微点印花

特种印花包括使用特殊的材料获得具有特殊视觉、触觉、嗅觉效果的印花，也包括采用特殊的方法，获得特殊的花纹效果，给人以耳目一新的感受。本节介绍多色微点（微胶囊）印花。

一、多色微点印花的发展

用辩证法观点看待问题要一分为二，任何事物都有两面性。相似地，任何一种技术都有其优点和缺点，并且适当进行选择应用，缺点可以转化为优点。

在纺织品印花过程中也同样存在着辩证关系，如果将颜料（或染料）、增稠剂、胶黏剂和各种助剂调制色浆时，一旦选择不当，染料不能充分溶解，存在不溶物；或者印花浆放置较久，染料离子之间或染料离子与浆料分子之间会有某种引力，造成染料再次聚集而造成印花图案产生色点或染色不匀，这是印花工艺中不希望出现的疵病，也是造成印花次品的一种原因，在印花工艺中要想办法克服这种缺点。印花产品上的色点通常被认为是缺点（疵点），但若能将此缺点合理应用，有可能转化为创新点，被人们所利用。若能将无规则的色点排列成新颖的式样或图案，由此获得一种具有独特视觉效果的印花产品，这种新颖的印花方式称为多色微点印花。可利用微胶囊技术实现该印花方法，在同一印花浆中加入多种色泽的微胶囊染料，借助胶囊外膜的阻隔作用，使各色染料间而不相互混合，在汽蒸处理时，使囊膜破裂，释放出囊芯染料，进而染着织物上，形成多色微点的独特印花效果。所以也叫多色微胶囊印花。

由此法得到的纺织品称为多色微点印花纺织品（multicolor printing fabric）。多色微点印花纺织品是将微胶囊染料印制在织物上，形成超过一般“雪花点”效果，具有独特风格特点的印花纺织品。微胶囊染料的囊芯贮存一类染料或几类染料的混合物，能对混纺织物中的不同纤维分别进行选择性上色，在织物上形成多色微点效应。此外，根据用途不同可设计制造出不同的微胶囊，如含有发泡气体，具有起绒作用的微胶囊，含有香精，具有香味的微胶囊，含有液晶，具有变色效果的微胶囊及含有其他保健、防蚊、防臭等功能性助剂，具有所需的特种功能效果的微囊染料等。

二、多色微点印花特点

在同一印花浆中加入多种色泽的微胶囊染料，借助外膜阻隔作用，这些不同色泽的染料不会在印花色浆中过早混合而得到拼色效果，而是在汽蒸处理时，微胶囊外膜在织物上破裂，释放出染料染着在织物上，获得彩色斑点的特殊花纹图案效果。这种印花方法将被认为缺点的色点在织物上合理分布组成美丽的花纹图案，转变为能被我们欣赏的优点，并将常规印花不可能做到的一种色浆、一次印花获得多种颜色色点变为现实，这种印花方法可以获得独特的花纹图案效果，不同于一般雪花点效果，属于一种特种印花。

合理控制印花工艺，可以获得不同效果的多色微点印花产品，如可以生产出双面多色微点印花产品，即在织物的一面进行多色微点印花烘干之后，再在其反面进行另一次多色微点印花。这种产品每一面上都可以看到印制的不同效果的多色微点花纹图案，同时可以看见从另一面透射过来的多色微点，由此形成独特的多色微点图案，而且两面的主色调可以相同，也可以不相同。另外，采用轧染的方式，也可以获得双面多色多点的印花效果。在浸轧的染液中，在加入普通染料的同时，加入多色微胶囊染料，这样可以获得在同一个地色上产生具有多色微点的花纹效果。对于混纺织物，如采用涤/棉混纺织物，则可以加入能染棉的多色微胶囊活性染料，这样织物表面形成既有多色微点花纹（只印棉一种原料），又有留白的效果（另一种纤维涤纶没有着色），进而获得一种独特效果的多色微点印花产品。多色微点印花纺织品具有独特的“雪花点”效果，并可在微胶囊囊芯中包裹特殊功能的助剂，获得一些特殊的功能效果，该类产品可用作妇女和儿童的服装以及用作装饰用品等，多色微点印花产品深受广大消费者喜爱。

三、多色微点印花工艺流程

多色微点印花工艺与设备与常规印花相同，印花工艺过程为：印花→预烘→汽蒸固色→水洗后处理。

四、微胶囊技术概述

1. 微胶囊的结构

微胶囊是一种微小的密封或半封闭的胶囊。微胶囊技术是一种用成膜材料（天然或合成高分子材料）把固体、液体或气体等活性物材料包覆起来形成微小粒子的技术，得到的微小粒子叫微胶囊，把包在微胶囊内部的材料称为囊芯，外部包覆膜称为壁材、囊膜或称为囊衣。微胶囊的粒径一般为 0.1～1000μm 范围内。微胶囊形状有球形、椭圆形、液滴形、鳞片形、纤维形、不规则形等，囊膜可以是单壁、多壁等；囊膜包括封闭、半封闭和释放型 3 种，囊芯有单芯、多芯、复合芯等；常见的微胶囊的形状和结构如图 4-1。

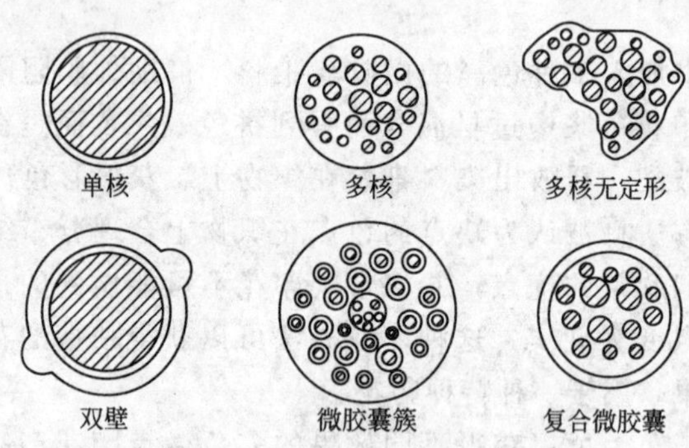

图 4-1　常见微胶囊的形状和结构

2. 微胶囊化的目的

（1）对特殊物质的保护、隔离作用　对易挥发、易潮解、易氧化、易光解的物质，采用微胶囊化后，可减少环境中水分、紫外线以及氧气等因素对芯材的影响，保持芯材原有的化学和物理性能，提高芯材的稳定性和贮存使用寿命。变色材料的应用常受强酸性、强碱性等外界因素的限制，采用微胶囊技术可使变色材料产生一定的化学惰性，即耐气候性、耐久性及与其他材料的混溶性提高，促进了变色材料的应用和开发。又如制成微胶囊能阻止不同物质过早混合，或反应，将不同性能的功能整理剂或不同类型、不同色泽的染料混合使用，一次整理，一次印花，然后在一定条件下，囊膜破裂，整理剂或染料固着在织物上，获得多功能效果或多色微点的特殊花纹图案效果。

（2）改变外部特性提高使用性能　通过微胶囊化，改变物质表面性质，改变物质的状态等，可以将液态、气态物质作为囊芯，表面包覆囊膜，将其转变为固体形态，其内部芯材仍然保持液态、气态特性，又具有固体物质特性，从而提高该物质的贮存和使用性能。如将油类、脂溶性维生素等液体药物微胶囊化，就是基于这个目的。又如将相变材料包裹在囊膜内，利用相变材料发生熔融、凝固现象，产生吸热和放热来调节穿着者人体内微气候，保持产品的舒适性，可制成智能空调服装。

(3) 控制芯材的释放，延长使用寿命　微胶囊芯材的逐步释放，在医药、农药以及化肥等行业的地位非常重要。这种缓释方式是通过半透性的壁材进行的，其有效成分通过缓慢释放。也采用物理或化学方法，使壁材破裂或溶解，芯材便可立即释放。如无碳复写纸用微胶囊是一种压敏性微胶囊，微胶囊破裂后发生反应并显色。又如利用半封闭微胶囊的缓释作用，将易挥发的活性物质（药物、香味剂等）包覆起来，控制活性成分释放速度，定期或逐步释放内芯物质（药物、香味剂），可产生出耐久性功能整理纺织品、香味整理纺织品等，并延长产品使用期限。又如为了提高酶的稳定性，采用固定化酶技术，将酶包裹在囊膜内，制成微胶囊。

因此，微胶囊有多种作用，微胶囊产品有广泛的用途，根据用途不同，微胶囊化的目的不同，微胶囊制备工艺方法及条件不同。

3. 微胶囊技术的应用

微胶囊的制备技术始于20世纪30年代，在70年代中期得到了迅速发展。从50年代初美国NCR公司的无碳复写纸到今天，微胶囊技术已经在医学、药物、农药、染料、颜料、涂料、食品、口用化学品、生物制品、胶黏剂、新材料、肥料、化工等诸多领域得到了广泛的应用。若用囊膜将染料包裹起来，形成微胶囊染料。微胶囊染料囊芯可以是一种染料，也可以将不同种类的染料混合在一起。可以将不同色泽的染料、不同种类的染料分别包覆在囊膜（囊衣）之内，囊膜厚度应适宜。当囊膜破裂时，释放出的染料能对混纺织物中的纤维进行选择性的着色，在织物上形成多色微点花纹图案。微胶囊染料颗粒一般选择在10～30μm之间，每千克微胶囊染料含微胶囊体达100万～10000万个，利用此技术可以实现多色微点印花。根据用途要求不同，制成合适结构的微胶囊体。囊芯可以为染料，还可以为其他物质，如香味剂、抗菌剂、变色剂等。因此，利用微胶囊技术，制成不同结构的微胶囊，可以生产不同功能的微胶囊产品。因此，微胶囊的应用非常广泛。微胶囊在纺织品加工中的应用主要有：光致变色纺织品、热致变色纺织品、温度自调节纺织品、香味纺织品、抗菌纺织品、多色微点印花和起绒印花产品的生产加工等。

五、微胶囊的制备

微胶囊囊膜通常为高分子亲水性高聚物材料，如明胶、果胶、琼脂、甲基纤维素、丙烯酸酯类等；微胶囊制备方法很多，主要是利用高分子物质的凝聚原理，方法有：相分离法、界面聚合法、物理法，最常用的方法为相分离法。下面重点介绍相分离方法制备微胶囊。

相分离过程：将内芯染料或其他功能助剂（如抗菌剂、香精等）分散为微小粒子，然后导入外膜物质，调节适当条件，产生相分离，使外膜物质沉积在内芯表面，形成微胶囊，经沉降、过滤、最后根据胶囊用途，再选择适当交联方法，强化外膜，制得封闭型、半封闭型、或释放型的成品微胶囊待用。这种相分离方法存在3相：囊芯物质相（分散相）、包囊材料相（连续相）及作用介质相。相分离的方法有2种，一种是采用溶剂-非溶剂法进行相分离，另一种为利用不同相的物质带电荷不同，引起囊膜凝聚沉淀包覆在囊芯表面，发生相分离。

1. 溶剂-非溶剂相分离法

先将分散相囊芯溶于极性溶剂，然后与连续相包囊材料的溶液混合，制成胶体态分散相，接下来加入非极性溶剂（作用介质相），它能溶于包囊材料溶剂，而不溶于包囊材料及囊芯物质，致使包囊材料沉淀，并沉积在分散相囊芯表面，得到微囊悬浮液，使用包囊材料溶剂及非极性溶剂（为包囊材料沉淀剂）进行分离微囊，减少包囊材料表面的溶剂量，最后强化囊膜，分离微胶囊，进行干燥。

2. 凝聚沉淀相分离法

凝聚沉淀相分离法包括单凝聚法和复凝聚法，前者是在包囊材料相中含一种胶体材料，加入一种亲水的电解质，使其沉淀形成微胶囊，而后者是在包囊材料相中含两种或两种以上带电荷不同的胶体材料，从而使包囊膜材料沉淀，并包覆在囊芯表面，形成微胶囊。

凝聚法制备微胶囊染料举例1：分散相囊芯选择分散染料、还原染料等，染料颗粒控制在2～5μm；连续相包囊材料选择明胶；介质作用相使用水，利用明胶高分子物质的化学结构为蛋白质，属于两性电解质，存在等电点，等电点以下带正电荷，等电点以上带负电荷，其等电点为pH值8～9，明胶可以从胶原蛋白丰富的猪皮等材料中提取。制备染料微胶囊时，先在碱性条件下将明胶、染料、扩散剂NNO混合，搅拌均匀，温度控制在低于35℃，然后搅拌下加入盐酸溶液，直至pH值4～5左右为止，使明胶由等电点以上带负电荷的状态转变为等电点以下带正电荷的状态，再与带负电荷的NNO作用，凝聚沉淀，包覆在染料周围，为了防止明胶与扩散剂NNO凝聚成块，可添加合成龙胶，获得微粒状态的微胶囊染料。制备条件控制不同，微胶囊粒径大小不同，增加合成龙胶用量和扩散剂NNO用量，微胶囊粒径增大，若降低合成龙胶用量，提高盐酸用量，降低搅拌速度，胶囊粒径减小。若胶囊粒径不合适，可以加碱，重新形成分散状态的溶液，再按以上操作进行微胶囊制备。为了强化囊膜的强度，最后再用甲醛处理，处理条件由胶囊用途不同，要求不同而定，对于多色微点印花的微胶囊，属于释放型胶囊，甲醛化时应防止交联过度，囊膜过硬，印花后高温汽蒸处理时，囊膜不能破裂，囊芯染料释放不出来，则得不到多色微点印花效果。甲醛化一般加入3%的甲醛溶液，搅拌片刻，冷却至10℃继续搅拌30min，若发黏，可加水冲淡，最后加碱中和至pH值为7～8，静置沉淀，去除上层清液，下层为制备的微胶囊染料。

凝聚法制备微胶囊染料举例 2：将聚乙烯醇（PVA）、分散染料水溶液混合，搅拌均匀，再加入羧甲基纤维素钠盐（CMC），由于 CMC 亲水性大于 PVA，争夺 PVA 中的水分，PVA 脱稳沉淀，包覆在染料上，形成微胶囊，经静置、过滤后，再加丹宁、硼砂以增强囊膜强度，最后用冷水冲洗，过滤得到分散染料微胶囊染料。

3. 物理方法制备分散染料微胶囊

将 45%（质量）的聚乙烯醇溶液（聚合度大于 700）水溶液，先用硫酸纸透析 48h，再与 10%的分散染料水溶液混合，搅拌均匀，水分控制在 60%左右，进行纺丝，再经 150℃空气浴中拉伸 4 倍，切断成 0.5mm 分散染料微胶囊。

六、多色微点印花原理

在印花色浆中多色微点印花使用了微胶囊染料，不同色泽的微胶囊染料由于受囊膜的包覆阻隔作用，不会相互混合拼色成为一种色泽，只有在印制后，通过汽蒸等热处理时，囊膜发生破裂，微胶囊内的各种颜色的染料被释放出来，对纤维分别着色，于是形成多种颜色彩色斑点风格的独特多色微点花纹图案。微点的形状与微胶囊染料的形状有关。如果用传统印花工艺将普通的黄色染料和蓝色染料按一定比例调和在同一色浆中就会得到绿色的印花色浆，仍属单色印花。如果将黄色和蓝色染料分别制成微胶囊染料，然后放入同一个色浆中，由于受囊膜包裹的阻隔作用，两种染料在印花后、汽蒸前相互之间并没有发生接触，即不会混色拼色。只有印花后气蒸时，染料才从囊膜中夺门而出，被释放出来，使织物上的纤维分别着色，这样形成了不同色泽的多色微点印花效果，这种多色微点不同于一般雪花点效果。由于视觉上的原因，远看为绿色花纹、近看却是由黄色和蓝色的微点构成的，所以多色微点印花织物是经一次印花就可获得多色多点效果，并且给人一种远看色彩、近看花的感觉。此外，多彩色微胶囊不同于一般的微胶囊，它采用复合型微胶囊，即在一个大的囊体中包覆了许多独立的小囊体，小囊体都为不同色泽的微胶囊，也就是复合型微胶囊要进行二次微胶囊化，形成二层外膜（囊衣）。多色微胶囊印花一般在化纤和丝绸织物上印制，微胶囊包覆的染料一般为分散染料，酸性染料、阳离子染料。

七、多色微点印花工艺与设备

多色微点印花在工艺和设备上与常规印花相近，织物经多色微胶囊印花后先预烘，再进行高温焙烘或汽蒸，囊膜破裂，囊膜内染料释放出来，并向纤维内部扩散，和纤维发生牢固地固着，最后经皂洗后处理，去除未固着的表面浮色。但也有其特殊性，要求这类微胶囊在调浆时不能过早破裂，而在高温条件下囊膜必须破裂，并释放出囊芯染料，因此工艺操作及条件应适当。

1. 工艺举例（涤纶）

色浆（g）：

微胶囊型分散染料（3～5 色）	20～40

海藻酸钠糊	50～85
尿素	5
防染盐 S（氧化剂）	2
酒石酸	适量
总量	1000

工艺流程：印花→预烘→汽蒸（140℃）→水洗→还原清洗→烘干。

2. 工艺举例（羊毛）

色浆（g）：

微胶囊酸性染料	10
天然橡胶乳液	200
醋酸	30
草酸	10
水	750
总量	1000

工艺流程：印花→热风干燥→汽蒸→热水洗涤→热风烘干。

八、多色微点印花技术难点

多色微点印花使用的微胶囊染料的囊膜属于释放型，有一定的坚固性，所以为了获得满意的印花效果，调浆搅拌及温度都要严格控制，最好先进行小样试验，确定出印花具体操作工艺条件，掌握好囊膜破裂条件，了解其性能，不要使微胶囊囊膜过早凝聚或破裂。由于微胶囊制备方法不同，囊膜性质不同，印花浆的组成需要作相应的调整，添加适宜助剂和选择合适工艺条件，为了防止染料受还原性物质的作用，而导致染料色光变化，印花色浆中可加入弱的有机氧化剂（如防染盐 S）；此外，印花色浆中可加入尿素以利染料渗透，例如日本林化学公司生产的 MCP-HP 型微胶囊染料在印花浆中加入尿素，但用物理纺丝切断方法制备的微胶囊染料则不能加尿素；另外，色浆调制选择的糊料要求脱糊率高，使印花织物获得良好的手感。

第二节 多色流淋印花

一、多色流淋印花特点

多色流淋印花（polychromatic pattern dyeing）是利用一种特殊的简单设备，将不同颜色的染液，按先后次序流淋在织物上，在织物上形成粗放型斑斓多彩花纹效果的一种印花方法，又称为多印染色。该印花方法无需制备花网，在厚织物上流淋不同染液还可获得双面印花效果，但该印花方法重现性差。

二、多色流淋印花方式

1. 液流成型法

利用染液液流的自重落差，在织物上形成花纹，图 4-2 为液流成型法多色流淋印花结构装置。

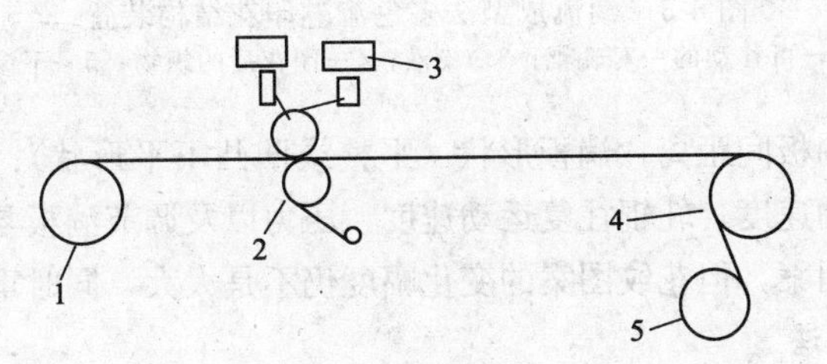

图 4-2　液流成型法多色流淋印花结构装置

1—待印花的织物；2—可移动的一对轧辊；3—染液；4—印花后的织物；5—不渗透性垫布

液流成型法印花时织物由卷布辊退卷，并由导布辊带动以一定速率前行，而不同颜色、不同浓度的染液从一定高度、以一定流速流淋到织物表面，然后经一对轧辊挤压，将喷洒在织物表面的染液挤压到织物大缝隙内部，再卷到另一只棍筒辊上，同时卷绕上不渗透的垫布（通常采用聚乙烯薄膜），垫布的作用为防止印花织物间相互挤压，产生沾色和搭色，最后织物再经汽蒸或焙烘固色，或堆置固色，以及再经水洗、皂洗、水洗后处理，完成液流成型法多色流淋印花过程。印花时可调节染液槽的高度、喷嘴高度，喷嘴形式、喷嘴大小，喷射速度，以及轧辊往复运动速度、压力、位置，可产生多种形式的花纹图案，但该方法印花花纹图案变化幅度不是太大，同时重现性差。其中染液组成包括：染料、原糊（以增加黏稠度）及添加适当助剂，其中助剂选择与染料结构有关，如用活性染料染棉织物，需要加入固色碱剂；如用酸性染料染毛织物，需要加入合适量的酸，调节合适的染浴 pH 值，并需加入染料的助溶剂，如尿素、酒精等。

2. 淌流成型法

利用染液液流的自重落差，先将染液从一定高度、以一定流速喷洒在一定倾斜角放置的淌板上，淌板的表面可以是光滑的，也可以有不同深浅和宽度的沟槽，然后染液经淌板反射到织物的表面，再经一对轧辊挤压织物，在织物上形成一种粗放型斑斓多彩花纹效果，图 4-3 为淌流成型法多色流淋印花结构装置。

淌流成型法印花时织物由卷布辊退卷，染液槽流下来的染液喷洒在淌板上，然后反射在织物上，再经一对往复式运动的轧辊的挤压作用，将织物上的染液挤压到织物大缝隙内部，再卷到另一只辊筒上，同时卷绕上不渗透垫布（一般为不能渗透的聚乙烯薄膜），以防止印花织物间相互挤压，产生沾色和搭色，最后再经汽蒸或焙烘固色，水洗后处理，完成淌流成型法多色流淋印花过程。调节染液喷嘴高度，喷嘴形式、

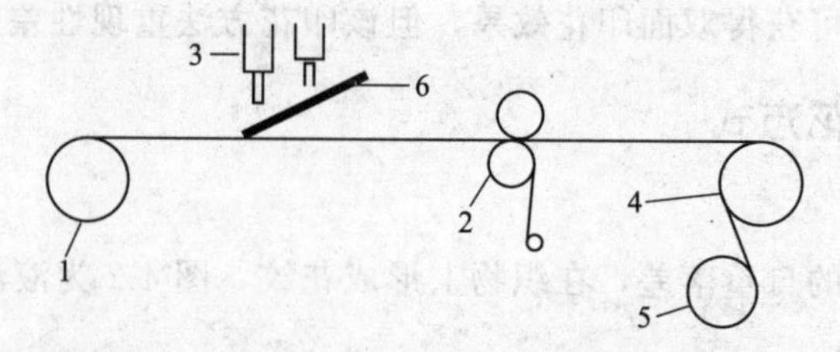

图 4-3 淌流成型法多色流淋印花结构装置

1—待印花的织物；2—可移动的一对轧辊；3—染液；4—印花后的织物；5—不渗透性垫布；6—淌板

喷嘴大小，以及与淌板间距离，淌板形状（平整或凹凸不平形状）、淌板倾斜角度，并可调节喷嘴往复运动速度、轧辊往复运动速度，压力以及调节淌板与轧辊间距等，可产生多种形式的花纹图案，但花纹图案的变化幅度仍不是太大，同时重现性差。

3. 染、印混合法

织物先进入一种颜色的染液（含染液的轧槽），然后通过一对轧辊挤压，再连续不断地以一定速度前行，最后再将另一种颜色（或几种颜色）的染液由不同喷嘴，按一定速度、一定方向喷射到织物表面，喷嘴边喷边作横向运动，在织物上形成含有两种颜色，或多种颜色的花纹图案。最后织物再经适当固色后处理（汽蒸，或焙烘，或打卷堆置）及水洗、皂洗等后处理完成印花过程。本法主要用于丝绸等薄型织物印花，也可用于经纱印花。注意喷洒的染液中加入适量的增稠剂或乳化糊，以提高染液黏度，以防喷洒在织物上的染液，流淌速度太快，不能很好地形成花纹图案。

三、多色流淋印花存在问题及注意事项

由于设备、技术、操作的缘故，多色流淋印花存在花纹重现性差的缺点，同时应注意流淋印花后需进行适当固色后处理，以保证印花产品的色牢度，后处理条件由染料种类及织物结构决定。

四、其他无需花网的印花方式

在织物表面喷洒不同浓度的表面活性助剂、盐（促染剂或缓染剂等）、边角料，再向织物上喷洒不同浓度、不同色泽的染液，在织物上能形成粗放型花纹图案；也可进行相反操作，即先向织物上喷洒染液，再立即向织物表面喷洒不同浓度的表面活性助剂、盐、边角料，也能形成独特的花纹图案。此外，染色织物在烘筒上往复不均匀烘干，利用染料泳移也能产生不规则的花纹图案。若将织物局部通过光辐射物理改性（激光、紫外光、等离子体处理）或局部化学改性（阻染剂改性或促染剂增深剂改性），局部改变织物表面性能，然后染色，也能获得同色调不同深浅的花纹图案。以上这些方法的共同特点为：都可获得粗放、不规则的花纹图案，都无需制备花网。但获得的花形图案重现性差，随着计算机技术的不断发展，出现的喷射印花可以解决此问题。

第五章

喷射印花

传统印花方法需要制备花网、调制印花色浆、印制等多道工序，导致传统印花存在污染大、生产周期长、更换品种时间长、印花疵布多等诸多问题，传统印花不符合人们对环境保护的要求，因此改进传统印花工艺方法以及研发新的印花技术势在必行。喷射印花又称为数码喷墨印花。喷墨印花由于不需要制备花网，克服了传统印花的缺点，同时喷墨印花具有更换印花品种快、交货周期短等优势，因此该印花方法特别适合于小批量、多品种生产的特点，符合以“客户个性化、按需设计制造”为特征的商业革新方面发展的方向，因此，近年来喷墨印花技术发展很快。

一、喷射印花方法

现代计算机技术的发展为喷墨印花提供了技术基础。喷墨印花技术是将计算机喷墨打印技术应用于纺织品印花，将印花机与计算机连接，由计算机控制印花机喷头直接将染料喷射在织物上，形成需要的花纹图案。印花图案可通过数码照相、扫描仪等设备获得，喷墨印花时，通过各种数字输入手段先把花样图案输入计算机，经计算机分色软件处理后，将各种信息存入计算机控制中心，并通过数字化处理，再由计算机控制印花机头各色墨喷嘴的动作，将各色墨按要求喷射到织物上，形成色点，从而在织物表面上形成需要的花纹图案，最后再经过适当后处理，使印花图案具有一定的鲜艳度和坚牢度，完成印花过程。喷墨印花是一种全新的非接触印花方式，又称为数码喷射印花（digital ink jet printing)，它是集电子信息、计算机、机械等多种学科于一体的应用技术的一个典型实例，是印花技术的一次重大革命，在未来印花领域必中将占有重要席位。

二、喷射印花技术原理及印花工艺过程

喷射印花技术是将信息网络技术、CAD技术、精密机械技术、精细化工技术等相关高新技术应用到纺织机械领域，开发出的机电一体化的一个印花技术。其不同于传统印花，喷射印花是一种非接触式印花，它是通过压力喷嘴将染液分裂成细小的液滴，精确地落在织物上需要形成花纹图案的位置，并利用三原色拼色原理，在织物上获得需要的精细花纹图案。其具体印花工艺过程包括：花纹图案设计（通过扫描仪或数码相机等手段获得花纹图案）→输入计算机→对图案进行数字化处理（需要专业的处理软件）→再经过电脑分色系统编辑处理→计算机控制印花机喷嘴，将专用染液（墨水）喷射到织物上或其他织物上，形成所需的花纹图案→最后经适当后处理，完成印花过程。印花过程中，有许多因素影响印花产品花纹轮廓的精细度和产品质量。

三、影响喷射花纹图案精细度的因素分析

1. 喷墨液滴性能

喷墨液滴形成过程如图5-1。通常喷墨液滴表面张力性能及其大小将影响印花产品花纹的精细度。液滴的大小取决于液体的表面张力、喷嘴对油墨所施加的压

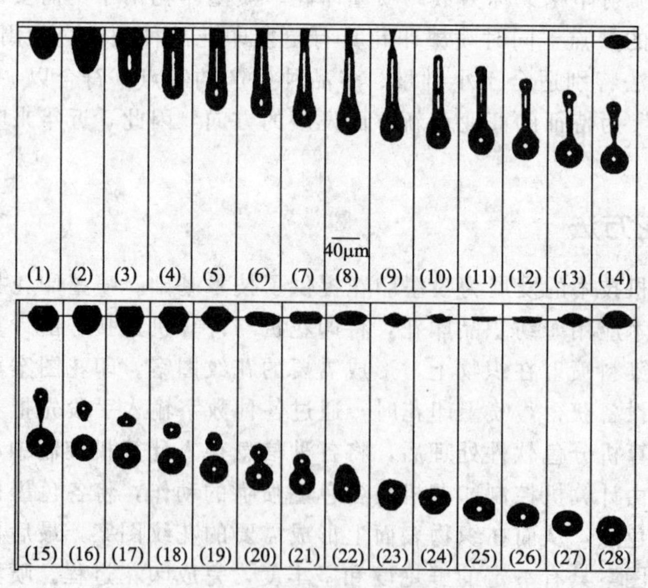

图5-1　喷墨液滴形成过程示意

力和喷嘴的直径等因素。一般液滴小而密，形成的花纹图案精细度高。

2. 喷射材料表面形态结构及表面性能

喷射材料表面形态结构和表面物理化学性能对印花产品花纹的精细度有很大影响。图 5-2 为墨滴碰撞在涤纶不同位置时形态变化。图 5-3 为不同预处理的硅片表面上液滴形成过程示意。

项目 \ 时间/ms	0.0	5.0	9.0	800
在涤纶间的碰撞				
在涤纶中心的碰撞				

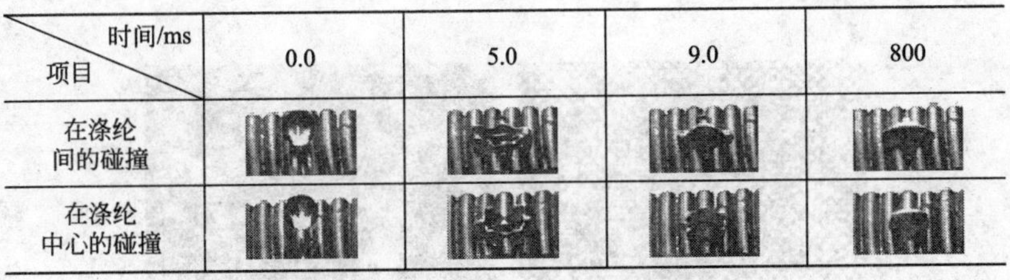

图 5-2　墨滴滴落到涤纶不同位置的形态变化示意

由图 5-2 看出，液滴在涤纶之间碰撞后所形成的铺展直径大于在涤纶中心碰撞后所形成的铺展直径。由图 5-3 看出，印花材料表面结构不同，会影响喷射液滴在其表面上形成的铺展直径，说明喷射材料表面情况对喷射图案的效果有很大影响。可见喷射的墨滴与纤维表面相互作用的位置以及喷射材料的结构、性能均对喷墨印花图案的精细度有影响。一般印花半制品应表面光滑，并具有适当润湿性，这样才有利于提高印花产品花纹的精细度。众所周知，在光滑的纸张上进行喷墨打印，能形成非常精细的相片效果的花纹图案。由于织物的表面结构比纸张粗糙，因此在织物上喷墨印花的难度大于在纸张上打印，要获得与在纸张上类似的印纹精细度，通常织物在喷墨印花前需要进行适当预处理，改变织物的表面性能，使其有利于喷墨打印，获得精细的花纹图案。

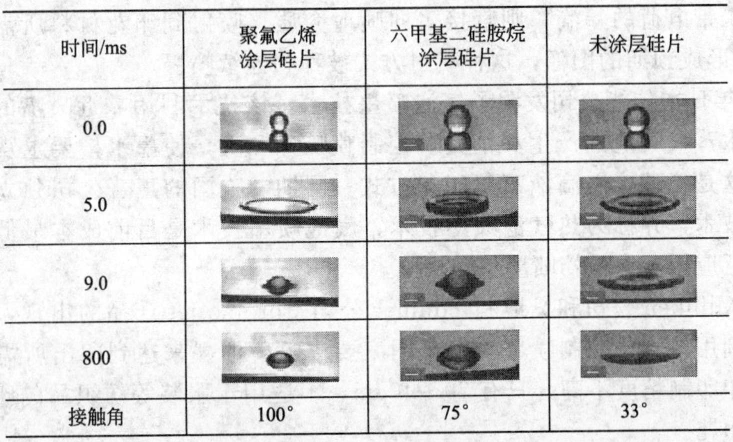

时间/ms	聚氟乙烯涂层硅片	六甲基二硅胺烷涂层硅片	未涂层硅片
0.0			
5.0			
9.0			
800			
接触角	100°	75°	33°

图 5-3　不同预处理的硅片表面上液滴形成过程示意

3. 墨滴体积与分辨率

墨滴的体积单位一般用皮升表示，墨滴体积和分辨率对喷墨印花产品质量有很大影响。一般墨滴的体积越小，印花机的印花精度越高。分辨率是指每英寸内墨滴的数目，用 dpi（dots per inch）表示。一般打印墨点分布在矩形的格子中，在这种情形下，有两个方向的 dpi。这两个方向是相互垂直的。随着分辨率的提高，图像质量相应提高，如图 5-4 显示出不同分辨率的印花效果。

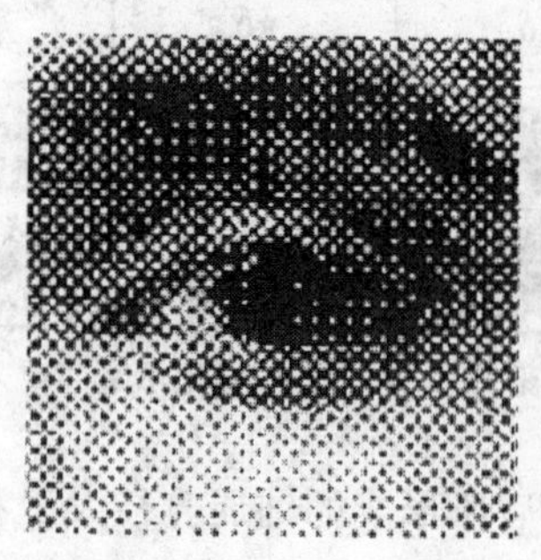
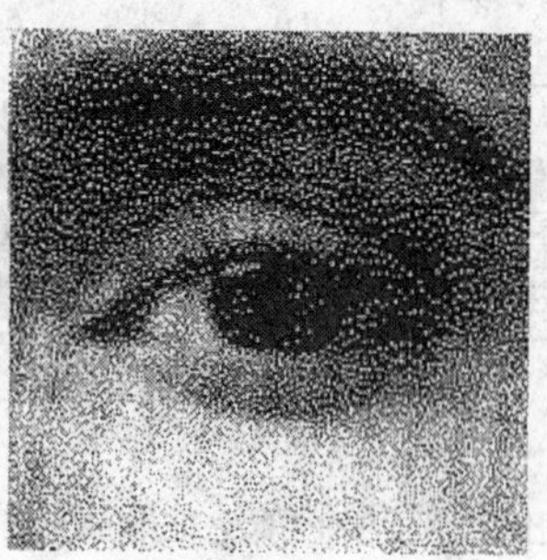

图 5-4 分辨率与图像质量的关系

四、喷射印花技术的发展

在注射器中放入水，给针的尖端施加压力，水就会以液滴的形式射出来，若使喷射出的液滴带电，并用电压控制液滴滴落的位置，就可在喷射材料表面（如纸上）形成所需要的画像，这就是喷墨印刷技术的起源。

20 世纪 60 年代早期，美国斯坦福大学的 Sweet 用一束压力波将细小的墨流分裂成了大小均匀的墨滴，并对分裂后的墨滴有选择地施加上电荷，当带电墨滴通过一个电场时，墨滴就会发生偏转，从而进入墨水收集器，这些墨水可以循环利用，对于未带电荷的墨滴，则直接飞向喷射介质（喷射到印花材料所需印花的部位)，从而形成预期的图像，这种喷射方式被称为连续喷墨。

1979 年日本佳能公司发明了气泡喷墨技术，该技术利用靠近喷嘴的一个小加热器表面水蒸气气泡的产生和消失，控制喷嘴开和关，使墨水按要求从喷嘴处喷射出来，这是一种按需滴液喷射印花方式。同期，美国的惠普公司独立发明了类似的喷墨技术，并称为热气泡喷墨技术，气泡喷墨技术是目前成本最低的喷墨技术，被广泛应用于中低档喷墨打印机中。

美国 Milliken 公司和奥地利 Zimmer 公司 Chromo jet 产品的出现，运用电磁阀原理，利用计算机控制喷墨喷嘴按图案要求喷射油墨来达到印出所需花型的目的。该喷印印制精度不高，只有 20～40dpi，不适用于服装等纺织品的印花，只可用于地毯印花。

20 世纪 90 年代，采用了热气泡和压电方式的喷头，并应用新的信息技术，提高了印花精细程度。日本 Seiren 公司 1987 年开发了 Viscotecs 系统，1990 年开始投入大量生产；日本钟纺和佳能公司 1993 年开发了“奇妙印花”系统（属于气泡式）；大约同时期日本 Konica 和住友开发了压电式等数码喷射印花设备。

荷兰 Stork 公司于 1999 年首次推出 Amber 数码印花机，经改进后，可采用酸性染料进行真丝绸和锦纶/弹性丝绸印花，也可采用涂料印花或分散染料转移印花。而后再经改进，使该机可对于任何织物进行高质量印花。

目前各种类型喷墨印花机广泛就用，主要分布在欧洲、北美和亚太地区，但目前喷墨印花产品的数量占印花总产量的比例仍很小，印花设备性能及喷墨印花技术还有待进一步改进。

喷墨技术分类总结如图 5-5 所示。

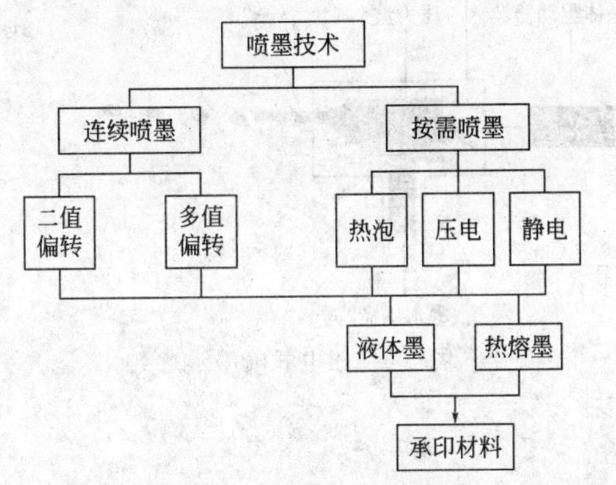

图 5-5 喷墨技术分类

五、喷射印花设备

喷墨印花机的最关键结构为油墨喷射系统，其是由印刷技术改进发展而得到。按喷墨方式不同，可分为连续喷墨印花技术（continuous ink jet，CIJ）和按需滴液喷墨印花技术（drop on demand，DOD）两大类。按需式喷墨包含的典型形式为压电式喷墨和热泡式喷墨。

1. 按需滴液喷墨印花

利用热喷墨式、压电式、阀喷式、静电式控制喷墨印花机喷嘴的开与关将液滴按需求喷射到织物上，在织物上形成所需的花纹图案。作用于储墨盒的压力是不连续的，只是当有墨滴需要时才会有压力作用，压力由成像计算机的电信号所控制。

按需喷墨打印技术的设计结构比较简单，成本低，可靠性高，其中最有代表性的为压电喷墨和热泡喷墨。压电式喷墨机理：压电晶体在电场作用下会发生变形，借助于变形所产生的能量将墨水从墨腔挤出，从喷嘴中喷射出。图 5-6 为压电式喷墨示意，图 5-7 为一种压电式喷墨打印头。压电式喷墨由于喷射流惯性的缘故，墨腔重新吸墨的过程较慢，这样使喷墨频率受到限制，墨滴喷射速度一般较低，致使喷墨印花速度较慢，但是该方法喷射图案的分辨率非常高，喷头与喷射介质的距离很近，要求印花半制品表面光滑，否则影响喷射花纹图案的精细度效果。热气泡式喷墨机理：在电信号控制下，热泡喷墨喷头上的加热元件温度急剧上升，使染液汽化生成小气泡，气泡体积不断增加，达到一定的程度时，所产生的压力就使染液从喷嘴喷射出来，图 5-8 为热气泡式喷头喷墨示意，图 5-9 为一种热气泡式喷墨打印头。

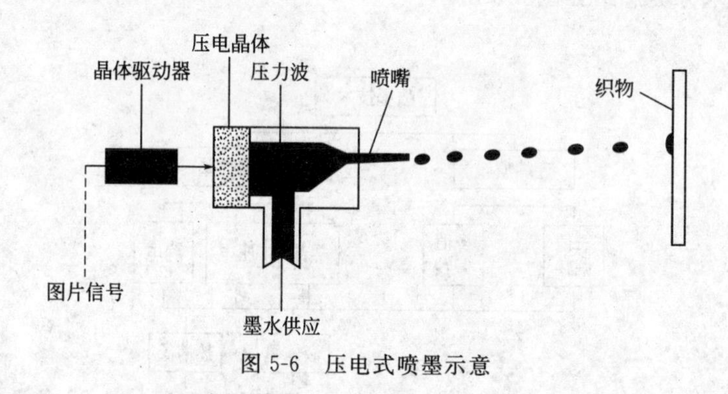

图 5-6 压电式喷墨示意

图 5-7 压电式喷墨打印头

热气泡式喷墨喷头上的加热元件温度升高使墨盒中染液汽化产生气泡，加热温度与产生的气泡大小有一定关系，见表 5-1。由表 5-1 看出，只有当加热元件温度高于 370℃后，喷墨喷头才能喷射出液滴，但加热元件温度继续升高，气泡没有进一步增大，因此，为了达到良好的印花质量，加热元件需迅速达到适宜的温度，

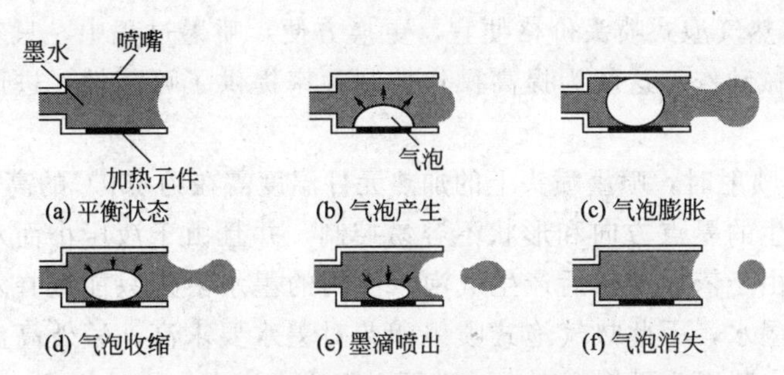

图 5-8　热气泡式喷头喷墨示意

图 5-9　热气泡式喷墨打印头

以使染液以细小液滴的形式喷射到印花织物上。

表 5-1　加热元件温度与产生的气泡大小的关系

温度/℃	产生气泡状况
＜300	无气泡产生（不能产生足够的机械力将油墨喷射出去）
320	只有小气泡产生（不能产生足够的机械力将油墨喷射出去）
370	大气泡产生（墨滴等正常喷射）
＞370	气泡体积与370℃时产生的气泡相近，基本不再增加

由于压电式喷墨印花与热气泡式喷墨印花喷墨机理不同，其喷射性能不同，下面总结压电式喷墨印花与热气泡式喷墨印花各自的特点。

(1) 压电式喷墨印花特点

① 优点　对墨水的要求较低，无需加热，墨水不会因受热而发生化学变化，墨滴容易控制，喷射墨滴小，不产生墨滴的拖尾现象，进而使印制的花纹图像清晰程度高，容易印制高精细度印花产品。

② 缺点　喷墨后，墨腔重新吸墨的较慢，使喷墨频率受到限制，降低了打印速度。喷出的墨滴速度较低，介质和喷头之间的距离受到限制。此外，压电式喷头价格昂贵，更换难度较大。

(2) 热气泡式喷墨印花特点

① 优点　热气泡式喷头价格便宜，更换方便，喷墨过程中，只有墨水本身移动，无其他机械动作，这就为提高操作控制频率提供了可能性，进而有助于提高打印速度。

② 缺点　喷射时，喷墨喷头上的加热元件温度需在约400℃的高温下工作，墨水在高温下产生的墨点方向和形状不容易控制，并且由于液压小而对墨水细度要求高；此外，由于依靠加热后产生气泡，使用的墨水溶剂只能选择水性；同时应选择耐高温的墨水，因此热气泡式喷墨印花对墨水要求高。另外高温下工作的喷头元件寿命短，喷墨头更换频率大，进而引起成本增大和维护不便。表5-2为热气泡式与压电式喷墨技术的喷射性能的比较。

表5-2　热气泡式与压电式喷墨技术的喷射性能的比较

热气泡式喷墨技术	压电式喷墨技术
反应速度快，打印较快	反应速度慢，打印较慢
电子驱动较简单，体积较小	电子驱动较复杂，体积较大
墨水品质与墨水盒较不稳定	墨水品质与墨水盒较稳定，对墨水的要求较低，印制花纹精细度高
喷头成本低、易损坏，常需更换	喷头不易损伤，寿命长，但喷头成本高，更换难度较大
墨滴体积固定	可喷出不同体积的墨滴
受限于热传导的速度	压电陶瓷反应速度快
只能用水性油墨	可使用水性油墨和溶剂型油墨

2. 连续喷墨印花设备

连续喷墨印花时液滴连续喷出，利用电致或气喷偏转装置，将需要的染液液滴喷至织物上需要印花的地方，而将不需要的液滴由偏转装置，流进集液沟中。

连续喷墨系统利用压力使液墨通过喷墨机头喷嘴将墨水连续喷射出来。液滴的尺寸和喷射频率取决于液体的表面张力、所施加的压力和喷嘴孔的直径。在墨滴通过第一个电极时，使其带上一定的电荷，用于控制墨滴的滴落点。带电的墨滴通过第二个电场使墨滴排斥或偏移到承印物表面需要的位置。连续喷墨系统主要应用于高速而简单图案的印花，如标签、车票等。图5-10为一种连续喷墨过程示意。连续喷墨印花技术具有以下特点。

① 优点　速度快，适合高速喷印；喷嘴以高速喷射墨滴，在距离较远时保证较高的喷印精度；对喷射介质表面的光滑度要求不高；喷嘴不易堵塞。

② 缺点　分辨率不是很高，常用在粗糙的、不注重分辨率物质表面的印花；连续喷墨需要回收墨滴，必然在墨水系统中引入污染；还有可能出现漏墨、漏印现象。

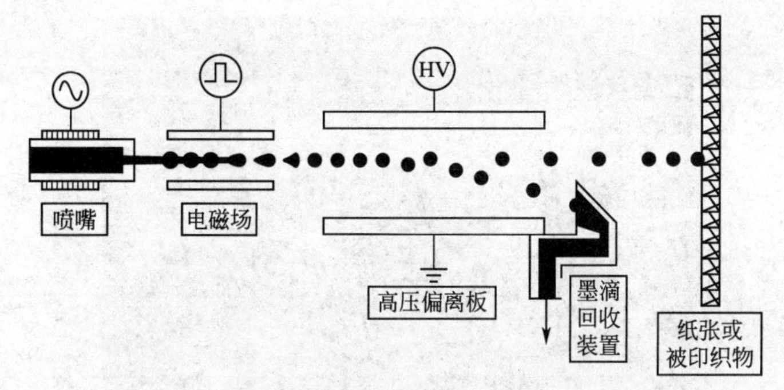

图 5-10　连续喷墨过程示意

目前国外有许多公司生产喷墨印花设备，如美国的 Millitron 公司、Encad 公司，日本的 Seiren 公司、Canon 公司、Mimaki 公司，比利时的 Sophis 公司，荷兰的 Stork 公司和瑞士的 Perfacta 公司等。

六、喷墨印花机的结构

不同生产厂商生产的喷墨印花机结构有所不同，但一般喷墨印花机都包含有机架支撑系统、导料（进布）系统、供墨系统、打印系统、清洗系统、显示控制系统等装置，如图 5-11 所示。其中最核心的部件是打印系统中的喷墨打印头和控制系统。此外，对墨水和计算机的传输设备也有很高的技术要求。不同生产厂商生产的喷墨印花机的外观结构也有所不同，图 5-12 和图 5-13 分别为一种喷墨印花设备打印系统结构和打印头的结构，图 5-14 为一种喷墨印花设备的织物放卷装置，图 5-15 为一种喷墨印花设备的织物输送装置，图 5-16 为一种喷墨印花设备的织物干燥焙烘装置的外观结构，图 5-17 为一种喷墨印花设备的成品收卷装置，图 5-18

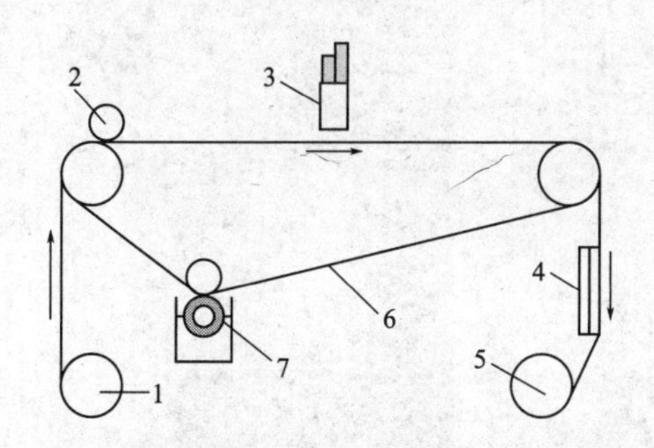

图 5-11　喷墨印花设备单元机的主要构成

1—待印布卷装辊；2—张力辊；3—供墨系统；
4—烘干；5—印后布卷装；6—导带；7—清洗导带装置

为一种喷墨印花设备的导带水洗装置。

图 5-12　喷墨印花机打印系统的结构

图 5-13　喷墨印花机打印头的结构

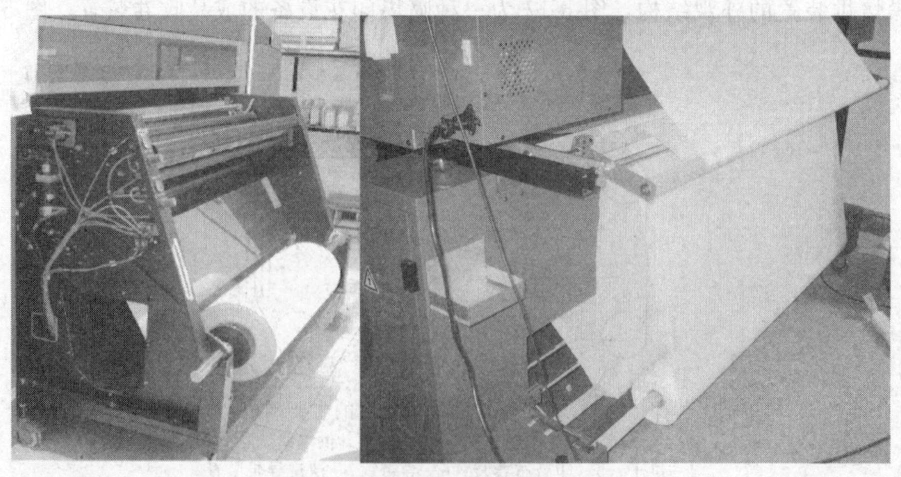

图 5-14　喷墨印花机的织物放卷装置

放卷装置是用来提供待喷印织物在机台工作期间的合理放置或退绕，使得织物在印花过程中保持平整的状态及保持一定的张力，并防止进布过程中发生纬斜和起皱。

图 5-15 织物输送装置

为了使织物在印花过程中保持所需的张力和织物平整，同时保证喷印后织物上的花纹图案不变形，织物进布张力一定要控制适当，并采用印花导带来输送织物。织物牢固地黏附在含有热溶胶的印花导带之上，导带表面上的热熔胶是通过涂胶装置涂覆，印花后，导带上的热熔胶还需进行洗除，然后再次进行传导织物，进行下次印花。

图 5-16 织物干燥焙烘装置的外观结构

图 5-17　成品收卷装置

图 5-18　导带水洗装置

七、喷墨印花的特点

数码喷墨印花生产不同于传统印花，数码喷墨印花整个印花加工过程完全数字化、自动化，有独特的优点，印花生产时省去了传统的分色描稿、制片、制网、调色浆、打样等过程，缩短了生产周期；企业可根据订单状况，随时掌控生产，灵活调节，同时省去花网存放仓库，因而喷墨印花可以降低企业生产成本和污染。此外，喷墨印花印制出的色彩图案逼真、色彩丰富，层次鲜明，其特点总结如下。

1. 优点

(1) 无版印花　数码喷墨印花大大简化传统印花的工艺流程，无需分色描稿、制片和制版（制网），彩色图案通过计算机的数字图像处理后，再由计算机控制喷墨印花机的喷头把染液直接喷射到纺织品上，便可得到印花纺织品。这种印花方式不仅省掉了筛网制作工序，消除制网所带来的污染和高额的加工成本，且能大幅度缩短打样时间，提高生产效率，同时省去筛网储存场所。这个独特优势符合当今社会人们对环境的需求。

(2) 印制效果更丰富多彩、更精细、更富有层次感　数码喷墨印花技术打破了传统印花生产的套色数和花回长度的限制，并且属于非接触式印花，可生产出用传统印花方法难以达到的具有丰富层次感及逼真感的更精细的照片效果的花纹图案。理论上数码印花可印制的颜色数量无限，因此喷墨印花拓展了纺织图案设计的空间，可开发出高质量、高精细度、层次感强、高保彩色图像的印花产品，进而提升印花产品的档次。

(3) 数码印花的生产数量及印花产品品种不受任何限制　数码印花生产过程由计算机控制，自动化程度高，工序简单，不用调配色浆，能够全彩色一次成像，定位精确，无废品。该印花方式生产灵活性强，更换品种快，企业可根据订单状况，随时掌控生产，生产批量不受任何限制，能迅速从一种花样变换到另一种花样，交货快，特别适合于小批量、多品种印花产品的生产，能满足消费者个性化设计的要求。此外，喷墨印花不仅适合于纺织面料的印花，而且喷墨印花也能印制其他任何材质，例如：金属、陶瓷、水晶、玻璃、亚克力、石质、PVC、塑料、玩具、U盘、布料、木质、硅胶、皮革等，所印花的材料可以是规则的，也可以是不规则的，可以是柔软的，也可以是坚硬的物体，因此数码印花机印制产品的品种也不受任何限制，其印花产品有广泛的用途。图5-19为一种喷墨印花产品。

图 5-19　一种喷墨印花产品

(4) 节省劳力　数码喷墨印花设备比传统印花机小，操作简单，操作工人容易培训，一个工人可操作多台设备，因此，该印花方式具有能节省劳力，降低印花成本的特点。

(5) 实现清洁化生产　数码喷墨印花由计算机进行按需喷射（若为连续喷射，其喷射的偏转液滴也可回收再利用），整个过程无残浆排放，减少了化学制品的浪费和废水的排放，而且喷射噪声较小、废水少、能耗低。因此，数码喷墨印花生产摆脱了传统印花生产的高能耗、高污染、高噪声，实现了低能耗、无污染的生产过程。数码喷墨印花是真正的生态型高技术印花工艺。

(6) 数码喷墨印花产品质量易于保证　数码喷墨印花属于非接触印花，织物在印花过程中受张力很小，可以避免织物因拉伸而导致花纹图案变形，织物表面也不会被辗压，因而消除了织物由于受到摩擦而引起的起毛或起绒等潜在问题，进而有利于保证印花产品的质量。

(7) 数码喷墨印花图案设计灵活　数码喷墨印花的图案可以使用数码照相机所拍摄的图案，或通过扫描仪扫描的一种人们喜爱的图案，并且设计师还可以在电脑上对这些图案及其颜色做出修改、编辑或自行设计花纹图案，并且可以根据客户的意见，及时修改花纹图案，因为计算机上看到的花纹图案就是最终面料上所看见的花纹图案效果。因此，数字喷墨印花的花纹图案设计灵活，图案储存容易而且稳定，这是数码印花生产有别于传统印花生产的另一个优势。

表 5-3 为数码喷墨印花与传统印花性能比较。图 5-20 为数码喷墨印花与传统印花的印花周期比较。可见，与传统印花相比较，数码喷墨印花有其独特的优势。

表 5-3　数码喷墨印花与传统印花性能比较

项　目	数码喷墨印花	传统印花
配色	几种基本色，电脑自动配色，1667 万种	人工配色，一般为十余种
车速/（m/min）	0.1～2.0	10～80
印前处理	需要	不需要
制网	全数字化处理，无须制网	需制网
印花精度/dpi	180～11440，可达照片效果	80～250
花型重现	不受限制	受限制
印刷效果	电脑半色调处理，仿真效果好	基本不能做半色调或效果较差
对花	对花准确，误差在 0.06～0.15mm	对花不准，误差在 0.2～1.0mm
大小样	所见即所得，大小样完全相同	大样与小样很难一致
设备投资/万元	25～50	280
花型转换时间	柔性生产，花型转换时间仅几分钟	生产柔性小，花型转换时间长

2. 缺点

节能减排是目前社会科学发展观的必然趋势，数码喷墨印花技术以其低能耗、

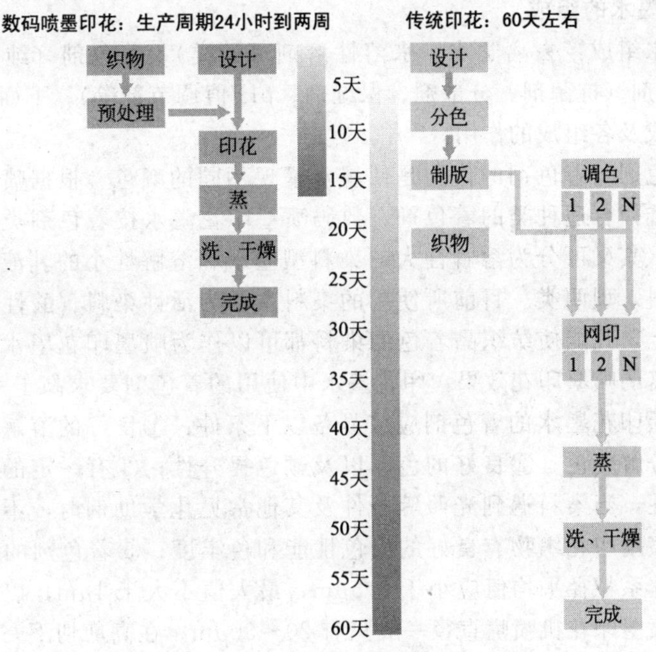

图 5-20 数码喷墨印花与传统印花的印花周期比较

低污染、低排放、高附加价值等优势越来越被业内人士认可，但是数码喷墨印花技术存在设备投资大、墨水成本高，织物需进行特殊的预处理和汽蒸等后处理，印纹印制速度慢等问题，制约了其发展。这些年来，喷墨印花在印染企业中主要是担任打样机的角色，尚未实现大规模产业化生产。随着生产技术的进步、助剂的研发、工艺的改进、软件的开发，这些缺点将被克服，将来数码喷墨印花一定能在纺织品印花中占有重要地位。

八、喷墨印花用墨水介绍

1. 喷墨印花墨水的分类

印花墨水是数码喷墨印花的主要耗材，它是决定喷墨印花技术成功与否的关键性因素之一。喷墨印花墨水按照配制所使用的溶剂种类不同可以分为水性墨水（水性墨水按色素在墨水中溶解状态不同，水性墨水包括真溶液墨水和水分散墨水，后者又称乳液型墨水）和非水性墨水（又称为溶剂型墨水，或称为油墨）。按照配制墨水所使用的着色剂来分，通常可以分为染料型墨水和颜料型墨水两大类。此外，喷墨印花墨水按其物理状态不同，包括液态墨和固态墨。

溶剂型墨水，一般使用有机溶剂作为墨水的介质，此类墨水不仅价格高，而且毒性大、污染大，不利于环境保护，不能充分体现喷墨印花的环保优势，因此水性墨水是数码喷墨印花墨水发展的主要方向，应用前景好。

2. 喷墨墨水的组成

一般墨水组成：去离子水、水溶性溶剂（醇类）、着色剂（纯化的染料或涂料）、相关助剂（抗菌剂、分散剂、保湿剂、pH 值调节剂等）。下面介绍一般喷墨印花墨水组成及各组成的作用。

(1) 着色剂　着色剂的作用是使墨水呈现不同的颜色。根据喷墨印花织物原料的特性，选择合适种类的着色剂。数码喷墨印花墨水按着色剂类型不同一般可分为染料型（其又可分为溶解性大的染料型墨水和溶解性小的乳液型染料墨水）、和颜料（涂料）型两类。目前所使用的染料主要为活性染料、酸性染料和分散染料等。原则上，凡能使纺织品着色的染料都可以作为喷墨印花墨水的着色剂，但为了获得优良的喷墨印花效果，印花墨水中使用的着色剂要求高于一般印花方法，一般作为喷墨印花墨水的着色剂应该具备以下条件：①良好的溶解稳定性，溶于水后不发生分解变色；②良好的色彩以及颜色提升性；③有一定的耐光、耐水性等化学稳定性，当染料遇到光照等条件及其他常见化学助剂时，不发生分解，不变色；④对喷墨印花织物有良好的染色性能和色牢度；⑤着色剂的粒径要小而且均匀，油墨体系粒径平均值应小于 0.5μm，最大值不大于 1μm，以防止墨水堵塞喷嘴，因为喷墨印花机喷嘴直径一般只有 20～30μm。在高剪切下，当油墨流经喷头喷嘴时，小尺寸染料粒子还可能在喷嘴周围聚集成大粒子，大而不规则的染料粒子会导致微滴形成困难和不稳定，最终导致喷嘴堵塞。喷墨印花墨水着色剂的选择很重要，很多商品染料很难应用于喷墨印花上，因此需要从商品染料中筛选或新合成适合于喷墨印花的着色剂，以达到喷墨印花的要求。

(2) 溶剂　溶剂一般采用去离子水和水溶性有机溶剂的混合物组成，有机溶剂一般为乙醇、多元醇、多元醇醚和多糖等。其作用是提高墨水的溶解性及保持墨水一定的黏度和表面张力，而且黏度和表面张力不随温度变化而变化，耐热及耐化学助剂的稳定性良好；促使墨水在喷嘴处形成薄而脆的膜，再次喷射时容易溶解，而不堵塞喷嘴。一般溶剂的用量为墨水重量的 10%～50%。低于 10%时，作用不明显；超过 50%时，有些染料无法溶解。实际应用中常需要多种溶剂混合使用。有文献指出，印花墨水中最好加入至少一种低挥发性溶剂和一种高挥发性溶剂。

(3) pH 值调节剂　根据喷墨墨水着色剂的染色性能，选择合适的 pH 值调节剂，调节墨水至合适的 pH 值，一般墨水保持一定的碱性（pH＝8～9）可减少对金属喷头的腐蚀。如果墨水的 pH 值偏低，容易引起喷嘴堵塞和色光变化现象。常用的碱性 pH 调节剂有氨水、三甲氨、三乙醇胺等，活性染料墨水适合调节至弱碱性，但碱性太高，染料水解速率提高，染料利用率将降低。pH 值调节剂可以使用一种，也可以几种物质混合使用。其用量一般为喷墨印花墨水重量的 1%～5%。

(4) 催干剂　喷墨印花墨水中加入一些挥发性强的物质（称为催干剂）有助于

印花图像的迅速干燥，不至于沾污与之接触部位，防止搭色疵病的产生。常用的催干剂有乙醇、异丙醇、环己基吡咯烷酮有机溶剂等。其用量为印花墨水重量的1%～10%，不能过多，过多低沸点溶剂（催干剂）的加入，容易引起印花中断和喷嘴堵塞。

(5) 表面活性剂　墨水中需添加合适种类及用量的面表活性剂，以控制墨水适宜的表面张力，油墨的表面张力必须低于纤维的表面能，使之有利于数码喷墨印花的顺利进行。并且表面活性剂对染料有助溶作用，提高染料染液的溶解性和稳定性。表面活性剂一般选用甘醇类或萘磺酸类物质。

(6) 黏度调节剂　喷墨墨水黏度对印花产品质量有很大影响，为了印制轮廓清晰的花纹图案，应将喷墨墨水调节至合适的黏度。下面分析喷墨墨水黏度对印花产品质量的影响。喷墨墨水黏度对墨滴成形的影响：黏度高，墨水喷射时，液滴会拖长，不能得到均匀的圆形液滴，断裂拖长的液滴尾巴呈拉丝状；黏度太低，则微滴易于破碎，成形也不好。喷墨墨水黏度对液滴的喷射速度的影响：黏度太高，会使液滴喷射速度降低，甚至墨滴不能喷射到被印基质的正确位置上。与传统印花浆相比，用于喷墨印花的墨水应具有非常低的黏度。

墨水的黏度可通过添加合适的助剂来调节，如聚乙烯基己内酰胺、聚醚多醇、联合增稠剂、海藻酸钠、聚醚脲、非离子纤维素醚等，以使墨水的黏度控制在适当的范围内。

要获得高质量精细效果的印花效果，其中墨水的选择很重要，表5-4为典型水基喷墨墨水的组成和各助剂的功能。

表5-4　典型水基喷墨墨水的组成和各助剂的功能

组　成	功　能	质量分数/%
软化水	水性载体介质	60～90
水溶性溶剂	吸湿、控制黏度	5～30
表面活性剂	润湿渗透	0.1～10
染料或涂料	着色剂	1～10
pH值调节剂	调节pH值	0.1～0.5
黏度调节剂	调节黏度	适量
其他添加剂	络合、消泡、防霉、稳定等	适量

3. 喷墨印花用墨水的性能要求

喷墨墨水组成及其用量很重要，制备的喷墨墨水必须达到这样要求，才能为印制高质量的印花产品提供保障，下面对喷墨印花用墨水的性能要求做一总结。

① 墨水的贮存稳定性好，具有一定理化性能，在存储过程中，不能随外界条

件的变化而发生物理或化学特性的改变，如黏度、表面张力等不应随温度变化而变化，墨水必须能够保持各项物化性能的稳定性。

② 在使用的过程中，要考虑与设备的兼容性好，不会对设备造成腐蚀或耗损，而且墨水喷墨流畅、墨滴均匀，不出现断墨、挂墨、墨滴飞溅等问题。

③ 墨水从喷头喷嘴喷射后，形成的墨滴喷印在基质上，能够快速的润湿织物，形成规则色点，同时不发生强烈的渗化等现象，不能在织物上流淌，应能在织物上印制出精美的花纹图案。

④ 为了满足能印制深浓色泽的花纹，墨水中着色剂在溶剂中溶解度应大，能配置出喷射性能优良的高浓度墨水，不能堵塞喷嘴。

通常高浓度染料墨水在外界条件下，容易破坏墨水体系的平衡，产生结晶、凝胶等问题，因此对高浓度染料墨水的要求高于一般浓度染料墨水，其制造和存放难度增大，为了获得深浓色喷墨印花效果，除了提高墨水中染料的浓度外，还可以加大墨水的喷墨量，以及选择提升力高的染料，此外，对织物进行合适的预处理，提高预处理织物对染料的吸附上染性能，进而有利于提升深浓着色效果。

九、喷墨印花织物的要求及其印花前织物的预处理

喷墨印花工艺流程：坯布预检→织物预处理→印前烘干并平幅打卷→印前复检→喷墨印花→印后烘干→汽蒸→水洗→皂洗→水洗→定形烘干→成品检验。图 5-21 为喷墨印花工艺流程示意。

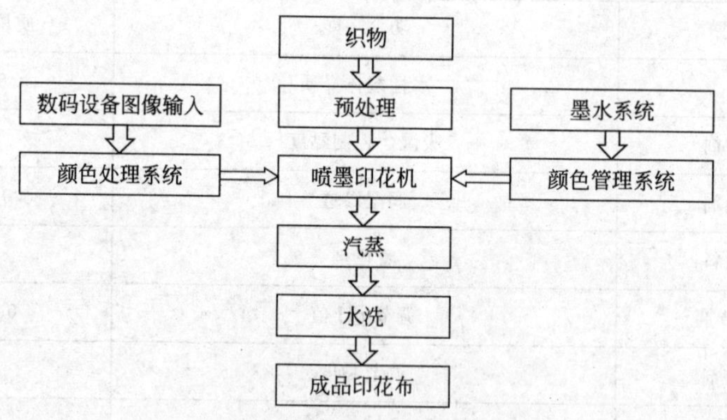

图 5-21 喷墨印花工艺流程示意

喷墨印花不同于传统印花工艺，喷墨印花对织物的要求高，织物在喷墨印花前除了需要经过一般的精练前处理之外，还必须进行特殊预处理，织物预处理对印花产品质量有很大影响。织物经合适助剂及方法的预处理后，织物表面性能发生改变，使其更有利于喷墨印花的进行，印制出轮廓清晰的印花产品。下面介绍

喷墨印花对织物的要求及有关织物预处理的问题。

1. 喷墨印花对织物的要求

① 对墨水吸收快，能够抑制墨水沿纤维之间的毛细管内的扩散，以免发生花纹图案的渗化。

② 当墨水的液滴在织物上重叠时，黏着的液滴不会流动和渗化。

③ 墨水喷印后，在固色处理时仍然保持良好的花纹精细度，不重新渗化。

④ 预处理后织物白度不受影响，印制产品色光纯正，色泽鲜艳。

⑤ 能让墨水中染料很好地固着在纤维上，获得良好的固色率和色牢度性能。

2. 织物预处理的主要目的和意义

喷墨印花工艺中，织物在用喷墨墨水喷印前，需要先用增稠剂和其他助剂调制成的浆液进行预处理，以确保以后喷墨印花时，墨滴不渗化、不在织物表面流淌，保证印花产品的质量。

喷墨印花时，喷墨墨水与织物未发生直接接触，墨水由喷嘴喷射至织物的表面，并渗入纱线和纤维缝隙内部，再经汽蒸，染料才能扩散至织物的无定形区内部，并牢固地固着在织物上。喷墨印花时，墨水渗入的程度与印花机、印花车间的温湿度、纤维种类、织物的结构、纤维的芯吸性和回潮率、增稠剂的化学性和分配性，以及织物前处理使用的助剂性能等有关。喷墨印花与喷墨打印不同，其所印的基材是织物而不是纸张，由于织物与纸张的结构有显著差异，性能有很大差异，织成织物的纤维间存在毛细管效应，喷射在织物上的墨水会沿着织物纤维间的毛细管扩散，将导致墨水渗化，降低印花产品花纹图案的精细度。喷印之前，若织物不进行预处理，墨水在织物的表面容易发生渗化或流淌，使印花的花纹图案模糊不清。为了获得精细的花纹图案，喷印前，织物必须进行预处理。染料型墨水的喷墨印花中，常见的织物预处理方法主要是通过选择合适的增稠剂和助剂对织物进行预处理，在织物纤维的表面形成一层薄膜，堵塞纤维之间的空隙（毛细管），印花时抑制墨水沿着织物经、纬方向的毛细管中扩散，以达到防止渗化的目的；并在烘干及汽蒸过程中，预处理助剂有一定吸湿性和抱水性，防止烘干或汽蒸时，墨水在织物内部自由运动，染料发生泳移或扩散，产生了新的渗化现象，进而提高印花产品的精细度。喷印后，再经汽蒸固色，最后经水洗、皂洗后处理，去除预处理助剂，避免影响织物的手感。常用的防渗化剂有海藻酸钠和聚丙烯酸类增稠剂，选择的前处理剂应具有：良好的抱水性，墨水喷射在织物上后能够被快速吸收，从而能够阻止墨水向织物四周毛细管扩散，避免墨水在织物表面发生渗化，进而获得高清晰度的印花产品。

3. 织物预处理的作用

① 限制湿扩散程度（渗化程度），保证印花清晰度；

② 在汽蒸固色时，使纤维能有效地吸湿、溶胀，有利于染料、颜料向纤维内部扩散；③能提高染料与颜料固色率和表面得色量。

4. 织物预处理液的组成及其作用

通常在预处理液加入的助剂主要有防渗化剂、酸/碱剂（促染剂或固色剂）、膨化剂、无机填料以及一些表面活性剂和溶剂等。

(1) 防渗化剂　墨水种类不同，喷印前织物预处理助剂配方和工艺条件不同。对于染料型墨水喷印前，织物预处理液中加入的一个重要成分是增稠剂，其主要作用就是防止喷印时墨滴渗化，增稠剂一方面可以堵塞织物的毛细管，阻止墨水沿着纤维间的缝隙流动，同时可以作为染料墨水的吸附介质，汽蒸后墨水通过化学或物理作用与织物结合，最后需要经过水洗，去除增稠剂。

颜料型墨水与织物的结合主要是通过胶黏剂的作用，焙烘后，溶剂蒸发以后，胶黏剂在印花的地方形成很薄的膜，将涂料颗粒黏着在织物的表面。亲水性好的织物（棉、黏胶、羊毛及混纺织物等）可不进行预处理，直接进行喷印，即颜料型墨水喷墨印亲水性纤维前，可以不采用增稠黏剂作为防渗化处理。

(2) 固色剂（酸/碱）　染料固色所需的酸性或碱性条件无法在墨水中实现，所以织物前处理时，要在纤维上提供能与染料墨水反应的环境（条件），如使用活性染料墨水，则织物前处理剂中需加入碳酸钠或碳酸氢钠碱剂作为染料的固色剂（提供固色条件），而若使用酸性染料墨水，则织物前处理剂中需加入酒石酸铵等酸性助剂，以促进染料与纤维结合。这类助剂能加速染料墨水和纺织纤维在汽蒸时的固色反应，或增大染料与纤维之间的作用力，使染料与纤维很好地结合，从而将染料有效地固着在织物上，保证墨水具有适当的上染百分率、固色率，使织物获得合适的染色深度。

(3) 膨化剂　常选用尿素或乙二醇作为膨化剂。尿素具有使纤维吸湿、膨化、保湿、增塑等作用，并使染料吸湿、增溶，以提高喷墨印花墨水的渗透性和印花织物的染色深度以及花纹轮廓的清晰度。

因此配置合适的织物预处理液，并采用适宜的预处理工艺，使织物达到喷墨印花的性能要求，这对于确保喷墨印花产品质量的是非常关键的一步。

5. 预处理助剂及预处理工艺选择需考虑的主要因素

喷墨印花织物的预处理助剂及其工艺要根据织物品种，墨水性能和喷墨印花的效果要求进行选择。为了确保喷墨印花产品质量，喷墨印花前，织物预处理必须重点考虑以下因素。

(1) 考虑纤维种类及其性能　包括：纤维的亲水基团；纤维的结晶度；纤维大分子的取向度；纤维的比表面积和内部空隙；纤维中的伴生物和杂质等。

(2) 考虑织物组织结构　织物的组织结构（厚薄度、紧密度）会影响喷墨印花分辨率和印花花纹的精细程度。轻薄与疏松的织物由于纤维间的空隙较大，该类型的织物用增稠剂阻塞毛细管较为困难，防渗化能力较差，在喷墨打印时，墨水容易沿着纤维之间的空隙流动，引起渗化，因此轻薄、疏松的织物前处理较困难；而结构紧密、厚实类型的纺织品，纤维间空隙较少，且孔隙容易阻塞，预处理相对容易。织物的组织结构影响喷墨印花分辨率，实际生产中根据花型的精细度、织物种类及其表面光洁度等因素合理选择分辨率。一般喷墨印花分辨率大多为300～700dpi，精纺薄织物大多采用高精度720dpi×720dpi。一般粗纺类的毛织物，可以用360dip×360dpi精度。丝织品等高精细织物有时也有采用1200dpi分辨率。但分辨率过高，图像清晰度并没有进一步提高，反而会影响喷射速度的提高，增加硬件和软件的难度。

(3) 考虑喷头的高度　喷头的高度会影响印花产品的质量效果。喷头太低，易使喷头堵塞，影响图案的完整性和颜色。喷头太高，墨水随着喷头的左右移动，离织物有一定的高度，会产生一定角度的抛物线，喷印出的图案边界会模糊，精度较差，色泽也不够鲜艳。

(4) 考虑墨水及织物的表面张力　墨水及织物的表面张力决定了织物的润湿性能，如果墨水能被织物快速吸收就可以得到较高的印花精细度。墨水应比织物的表面张力高，这样墨水喷射在织物上后，能形成形状较圆墨点，向四周扩散的趋势较小。此外，还需考虑墨水中着色剂的结构及性能。

十、喷射印花考虑的关键技术问题

喷射印花除了在印花前将织物进行适当预处理，改变织物表面的结构和性能，同时还要通过不断提高机械和电子控制技术以保证喷墨印花产品质量。以下是喷墨印花时需重点考虑的一些技术问题。

1. 考虑喷墨印花墨水的选择

喷墨印花染料墨水选择很重要，墨水应具有一定的理化性能和喷射性能，包括染料溶解性好，色泽纯正，纯度高，色强度高，不能有大颗粒存在，墨水黏度要低，流变性应好，并具有合适的表面张力、导电性和pH值，能耐电解质，稳定性好，印制织物色牢度好，能有效地防止喷嘴小孔被堵塞，保证墨水的喷印性能，确保印花产品质量。

2. 考虑织物表面结构及性能

织物表面凹凸不平，存在孔隙，吸湿性好，容易会引起墨水在织物表面流淌或渗化，导致印花花纹图案渗化，花纹轮廓模糊不清。通常织物喷墨印花前，需要进行适当预处理，使织物具有表面平整、光洁度好、抱水性好、白度好等性能。

3. 考虑印花设备性能

喷头的喷嘴大小合适，控制好液滴大小、密度，使印花花纹图案轮廓清晰、精细、分辨率高。

4. 考虑印花后处理工艺

喷墨印花织物仍需进行充分地固色、去除浮色等后处理，以保证印花产品的色牢度。

十一、喷墨印花发展趋势

针对喷墨印花存在的缺点，人们做了大量的基础性研究。将来喷墨印花发展趋势主要有以下几个方面。

1. 高性能喷墨印花设备的开发

喷墨印花设备朝着能适应各种织物的印花，包括各种机织、针织和无纺面料的印花，尤其需要开发适应宽幅产品的印花设备，并在不断改进印花设备的性能的基础上，不断提高印制速度，降低印花设备的价格。目前我国宏华公司制造的VEGA高速导带数码印花机最高速度达 $140m^2/h$，精度达到1080dpi（dot per inch)，图案分辨率高，欧洲市场出售的速度最快的数码印花机达到 $210m^2/h$、10L墨盒、512个喷嘴，真正实现了工业化数码喷墨印花产品的生产。

2. 喷墨喷头性能改进

设计完善的供墨系统和喷头保湿装置，保证生产的连续性和喷印质量，避免喷嘴堵塞，获得精细的相片效果的花纹图案。

3. 先进独特的墨水及其处理技术的研制

开发适应性广、重现性好、稳定性好、不堵塞喷嘴、价格较低的墨水，保证印制出丰富多彩的清晰花纹图案。

4. 开发出设计能力强的软件

设计软件开发，设计更高打印分辨率，覆盖更精细的色彩层次和细腻的颜色过渡，真实还原完整的色彩，提供更逼真的图案品质和完美的表现力，能捕捉微小细节的丰富色彩。

总之，为了促进喷墨印花技术的广泛应用，将来喷墨印花技术发展的趋势为：开发更节能减耗，降低生产成本、提高生产效率及能印制更精细印花效果的喷墨印花设备；开发喷印效果好、成本低的喷墨墨水；优化喷墨印花工艺；以及研发出高性能的设计软件，从而创造更高利润空间，实现企业生态效益与经济效益双统一。

十二、数码喷射印花工艺举例

1. 羊毛织物数码喷射印花工艺举例

(1) 织物准备　羊毛织物在喷印前通常需要进行氯化预处理。氯化预处理不仅能提高喷印颜色的深度、喷印均匀性以及喷印图案的鲜艳度，而且氯化预处理可以防止后续加工中印花产品图案的变形，提高印花产品图案的清晰度。

羊毛的氯化可以采用毛条连续加工或匹布连续加工。不具备此类生产线的印花企业，也可使用释氯剂（通常使用二氯异氰尿酸钠，简称DCCA）间隙式加工方式对羊毛织物进行预处理。羊毛纤维氯化处理一般是在酸性条件下进行，化学反应复杂，如羊毛上胱氨酸会发生氧化反应、*N*-氯胺反应、肽键断裂反应和二硫键断裂反应等等。经过这些化学反应后，在羊毛纤维上生成了许多强阴离子基团，如：R—SO_3^-、R—COO^-以及极性基团R—SH、R—NH_2，同时这些化学反应导致羊毛表面鳞片结构被破坏，表面的亲水性增加，改善了色浆或喷射墨水在羊毛表面铺展的均匀性，提高了蒸化过程中染料向羊毛纤维内部扩散的速率和染料的上染量，明显提高印花图案表观染色深度。但氯化处理时，应注意工艺条件必须严格控制，否则会引起羊毛织物严重泛黄，纤维强力大幅度下降，织物风格遭到严重破坏。对于印制鲜艳的浅地色或有白地的印花织物，还要求织物印花前进行漂白加工，也可采用氧化或与还原法相结合的预处理方法，这样不仅提高羊毛织物的白度，而且改善毛织的喷墨印花效果。羊毛纤维经氯化和漂白联合处理后，表观色深度会进一步增加，因此羊毛织物在印花前进行氯化、漂白处理后可有效提高印花织物的表观染色深度。但需考虑氯化预处理带来的AOX环境污染问题，可考虑使用其他环保型助剂及环保型加工工艺技术来替代氯化预处理，如使用双氧水氧化处理、酶预处理、等离子体预处理等。利用这些助剂和技术预处理的毛织物表面的鳞片层被不同程度地破坏，进而提高喷印墨水在羊毛织物上的扩散、渗透效果，保证喷印效果。

(2) 羊毛织物数码喷墨印花前的上浆预处理　毛织物印花前上浆预处理工艺过程：调制浆料→浸轧上浆（轧液率85%左右）→烘干（60℃，3min）→打卷。

① 调制预处理浆料配方（%，质量百分比）

海藻酸钠（糊料）	2
尿素（吸湿剂）	7
硫酸铵（释酸剂）	3
亚硫酸氢钠	5
渗透剂	1
加去离子水至	100

加冰醋酸将浆料pH值调至4～5

② 浆料中各成分的作用

a. 海藻酸钠等糊料的作用　在织物上浸轧或涂刮一定量含糊料，如海藻酸钠的浆料，可防止喷射到织物上墨滴的渗化，具有一定的抱水性，保持喷印图案的清晰度和获得一定的表观得色量。

b. 释酸剂作用（硫酸铵）　加入释酸剂的目的是增加羊毛纤维表面的正电荷，提高纤维与阴离子酸性等染料之间的作用力，虽然其对印花花纹清晰度没有明显变化，但表观色染色深度有所增加。可以根据喷墨墨水中着色剂结构不同，性能不同，选择适宜的释酸剂。

c. 吸湿剂作用　尿素等作为吸湿剂，其作用是在印花织物汽蒸时，使织物吸湿性提高，并具有一定的保湿性，进而促进纤维膨化，有利于染料向纤维内部扩散，提高印花织物表观染色深度与鲜艳度，但用量应适宜，当尿素用量超过一定值时，印花清晰度将有所降低。需要依据墨水中染料的性能不同，选择合适种类及用量的稀释剂。

(3) 羊毛织物数码喷墨印花用墨水　生产羊毛织物数码喷墨印花墨水的厂商还不多，主要是一些国外大公司生产的酸性染料墨水或活性染料墨水。选择墨水的依据主要考虑得色深度、色光、色牢度、喷印性及其对喷头的适应性等因素，墨水不能堵塞喷嘴，保证喷印产品的质量。

虽然酸性染料墨水中的酸性染料分子结构中含有磺酸基等强水溶性基团，其在水中有很好的溶解性能，但商品酸性染料中还存在盐等添加剂，将影响染料的溶解度和着色剂的有效成分。通常喷墨印花对墨水要求较高，制备数码喷墨印花墨水的酸性染料必须具有足够高的纯度，以防止喷嘴堵塞，并能够可获得深浓色泽，因此商品酸性染料在配制喷墨印花墨水前必须进行脱盐等纯化加工。酸性染料喷墨印花墨水主要由高纯度酸性染料、共溶剂和去离子水等组成。

汽巴公司生产的兰纳洒脱（Lanaset）SI-HS 系列墨水除了可以用于羊毛织物的喷墨印花外，还可以用于丝绸、锦纶织物的喷墨印花，印花前织物需进行预处理。不同织物预处理需要浸轧的处理液配方不同。

羊毛织物预处理浸轧液组成：

汽巴衣奇异（Ciba IRGAPADOL）MP	150～200g/L
尿素	100～250g/L
25%酒石酸铵	10～20g/L
汽巴衣奇异（Ciba IRGAPADOL）PN NEW	5～10g/L
轧余率	70%～80%

丝织物预处理浸轧液组成：

Ciba IRGAPADOL MP	150～200g/L
尿素	20～50g/L
25%酒石酸铵	10～20g/L
轧余率	70%～80%

锦纶织物预处理浸轧液组成：

Ciba IRGAPADOL MP	150～200g/L
尿素	30～80g/L
25%酒石酸铵	10～20g/L
Ciba IRGAPADOL PN NEW	5～10g/L
轧余率	70%～80%

浸轧了预处理液的织物，经烘干，就可以进行喷墨印花，酸性染料喷墨印花墨水配方为（%，质量百分比）：

二甘醇	10
酸性染料	7

丙三醇	10
表面活性剂	0.5
去离子水	72.4
杀菌剂	0.1

（4）数码喷射印花羊毛织物的染整工艺流程　毛织物在数码喷射印花前要通过氯化前处理、氧化漂白处理-上浆预处理等工序，使织物性能达到喷墨印花的要求，同时将花纹图案输入电脑，并通过适当软件进行数字化处理后，再由电脑控制喷墨印花机的机头喷嘴，在织物上进行喷墨印花，最后再经汽蒸固色等后处理，完成喷墨印花过程。酸性染料喷墨印花织物的固色一般在饱和蒸汽中于102℃汽蒸20～30min。汽蒸后的织物先用冷水洗涤，然后用30～50℃温水进行皂洗，再用温水漂洗，最后用冷水漂洗。一般完整的数码喷射印花羊毛织物的染整工艺流程包括印花前处理和印花后整理，具体工艺过程随织物品种不同而异，举例如下：精纺光面喷墨印花毛织物染整工艺流程：生修→烧毛→（单槽煮呢）→洗呢→煮呢→氯化→漂白→吸水→上浆→烘干→喷印→蒸化→洗呢→吸水→烘干→中检→熟修→刷毛→剪毛→蒸呢→成品。

2. 棉织物数码喷墨印花工艺举例

不同品种、不同染料种类的墨水色光和色调不尽相同，印花性能差别很大，实际应用时，需要通过试验，确定最终墨水品种及印花工艺。活性染料是一种水溶性染料，在水中具有良好的溶解度，其色谱齐全，颜色鲜艳，并且活性染料能与纤维发生化学反应形成共价键，所以活性染料染色或印花的织物具有优良的耐水洗、耐湿摩擦等湿处理牢度，活性染料是目前纤维素纤维染色用量最多的一类染料，也是配制喷墨印花墨水重要的色素材料。活性染料除了可以用于棉、麻、黏胶等纤维素纤维的染色和印花外，还可以用于羊毛、蚕丝等蛋白质纤维的染色和印花。通常依据选用的染料墨水不同，需要选择适宜的织物预处理助剂配方和工艺，以获得最佳的喷墨印花质量效果。当选择活性染料墨水用于纺织品的数码喷墨印花时，其喷墨印花工艺流程为：经过练漂前处理的棉织物喷墨印花前需进行上浆预处理（海藻酸钠或其他原糊、小苏打或纯碱、尿素吸湿剂等）→烘干→喷墨印花→汽蒸固色→水洗→皂洗→水洗→烘干。

（1）织物预处理处方及流程

① 活性染料墨水喷墨印花织物预处理处方（%，质量百分比）

海藻酸钠	1.5
尿素	8
Na_2SO_4	4
Na_2CO_3	3

② 预处理工艺流程　预处理（浸轧预处理液，带液率70%）→烘干（100℃）。

（2）活性染料喷墨印花墨水种类及其墨水组成

① 常见的商品活性染料印花墨水种类　染料型喷墨印花墨水的制备比较简单，一般先将染料精制除盐后，将其完全溶于水中，并在搅拌下加入各种添加剂，使各组分充分混合均匀，再将 pH 值、黏度调节至所要求的范围内，最后过滤除去不溶物和杂质，即得喷墨印花染料型墨水。也可将各组分溶于水中，充分搅拌过滤即可。

在商品化的活性染料墨水中有代表性的品种主要有 Ciba 公司的 Cibacron MI 系列。适用于压电式和热气泡式数字喷墨印花机印花，具有优异的色牢度和颜色鲜艳度，有黄 MI-6MS9（100）、金黄 MI-2RN（200）、橙 MI-2R（300）、红 MI-B（400）、红 MI-4B（500）、蓝 MI-3R（600）、湖蓝 MI-GR（700）、灰 MI-AS（800）和黑 MI-GR（900）等 10 个品种组成。

② 活性染料墨水的组成（%，质量百分比）

活性染料	2～15
pH 值缓冲剂	0.1～0.5
表面活性剂	15～45
杀菌剂	0.1～0.5
去离子水	82.8～39

③ 活性染料数码喷墨印花工艺流程　织物→预处理→烘干→喷墨印花→烘干→汽蒸→水洗后处理→烘干。

3. 涤纶织物分散染料墨水数码喷墨印花工艺举例

(1) 涤纶织物预处理

处方：

阿可印（ALCOPRINT）PDN 抗凝聚分散剂	10～50g/kg
LYOPRINT AIR 脱气剂	10g/kg
ALCOPRINT　DT-CS 合成糊	10～50g/kg
汽巴牢（CIBAFAST）P	50g/kg

工艺流程：浸轧预处理液（两浸两轧，带液率 50%～60%）→烘干。

(2) 分散染料墨水的配置及墨水配方

① 墨水的配置　由于分散染料是一种在水中溶解度很小的非离子染料，属于分散乳液型墨水，该类型墨水配置时，首先需要将分散染料研磨成细小的颗粒才能使用。若染料颗粒太大，喷嘴容易堵塞。分散染料的超细化加工及分散染料墨水制备时，首先需要将分散染料、分散剂、有机溶剂等助剂和水等混合均匀，然后在研磨机中将染料研磨至颗粒粒径小于 0.5μm，制成分散染料分散液，最后再加入其他适宜助剂制成分散染料喷墨印花用墨水。

② 分散染料墨水的典型墨水配方（%，质量百分比）

分散染料分散液	35
硫二甘醇	19

二甘醇　　11

异丙醇　　5

水　　40

(3) 分散染料墨水的喷墨印花工艺　分散染料墨水的喷墨印花工艺一般有两种，分别为直接喷墨印花工艺和转移喷墨印花工艺。

4. 织物颜料墨水数码喷墨印花工艺举例

(1) 颜料喷墨印花织物预处理　除了染料墨水之外，还有颜料墨水，新型颜料墨水可以对各种类型的亲水性好的织物（棉、黏胶、羊毛及混纺织物等）直接进行喷印而不需要进行预处理，也可对疏水性合成纤维织物（涤纶等）进行喷墨印花，但对于合成纤维织物可采用下列浸轧工艺进行预处理，以改善纤维的吸湿性。预处理配方如下：

增稠剂 Ciba ALCOPRINT PTRV　　15～25g/L

固色剂 Ciba ALCOPRINT LEF　　5～15g/L

柔软剂 Ciba ALCOPRINT PSC　　5～15g/L

预处理工艺流程为：织物进行浸轧预处理剂（控制轧余率为 90%～100%）→烘干。

(2) 颜料型喷墨印花墨水

① 颜料墨水的特点　颜料不溶于水，在使用颜料配制水基型印花墨水时，通常需先将颜料研磨成细粉，再用分散剂分散，悬浮在水中制成水基型颜料墨水，这种水基型颜料墨水是颜料的微粒状悬浮分散体系。水基型印花墨水为不稳定体系，很难配制成稳定性良好的高浓度墨水。颜料着色剂的最大优点在于其具有优良的耐光牢度和耐水洗牢度。而且颜料在水中聚集倾向大，因此颜料墨水印花存在得色强度低，色彩不艳丽，图案不清晰，而且易堵塞喷头喷嘴等问题。

② 颜料墨水的要求　数码喷墨印花颜料墨水制备的关键是对颜料的超细化加工，以及确保颜料与纤维牢固黏附。用于纺织品着色的颜料细度要求为 0.1～1.5μm 之间。颗粒越大，颜料的色光越暗。过小则透明性太强，遮盖力下降，并且容易团聚。此外，颜料墨水中需加入合适种类和用量的胶黏剂或树脂，以提高印花产品的色牢度。

③ 颜料墨水的配方　典型的颜料墨水配方举例如下（%，质量百分比）：

颜料分散液　　25

水溶性树脂　　15

二甘醇　　15

异丙醇　　5

水　　40

④ 颜料墨水的制备　首先制作颜料的悬浮液，然后再加入水溶性树脂、保湿

剂、表面活性剂等制得喷墨印花用颜料墨水。

⑤ 颜料墨水胶黏剂的选择　由于颜料对纺织纤维没有亲和力，必须借助树脂胶黏剂的作用才能对纺织品进行着色。常用的树脂胶黏剂有低温型聚丙烯酸酯、水性聚氨酯、紫外光固化胶黏剂等。为了达到可接受的色牢度，胶黏剂的用量大约为15%，但如果在喷墨印花墨水中加入这么多常见胶黏剂，导致墨水黏度超出喷墨印花机所能允许的范围，导致喷墨不够流畅，甚至堵塞喷嘴。为了解决此问题，胶黏剂选择很重要。通常颜料墨水使用的胶黏剂种类包括树脂类胶黏剂（其大致为紫外光固化型）和聚合微胶乳液型胶黏剂两种。

其中紫外光固化型胶黏剂是将合成胶黏剂（如聚氨酯）的单体或低聚物与色素制成一种低黏度的颜料油墨，喷射到被印织物上，然后通过紫外光固化，聚合成高分子膜。

紫外光固化型胶黏剂是由可聚合的低聚物，称为活性单体，以及光引发剂等组成。氨基甲酸酯丙烯酸酯是紫外固化胶黏剂首选的低聚体，因其具有良好的柔软性和粘接性。在紫外固化胶黏剂中，活性单体一方面参与固化交联，另一方面用作高分子量齐聚体的稀释剂，使胶黏剂具有适合的黏度。表5-5为几种紫外固化活性单体的性能。

表5-5　几种紫外固化活性单体的性能

类型	活性单体	折射率(25℃)	T_g/℃	APHA色度	相对分子质量	密度(25℃)	黏度(25℃)/mPa·s	表面张力(25℃)/(mN/m)
单丙烯酯	丙烯酸异冰片酯	1.4738	93	20	208	0.987	9	31.7
	丙烯酸十三烷酯	1.4474	−75	50	255	0.811	7	28.9
	丙烯酸氢糖醛酯	1.4577	60	80	156	1.073	6	36.1
	甲基丙烯异冰片酯	1.4743	110	20	222	0.979	11	30.7
双酯	1，6-己二醇二丙烯酸酯	1.4556		30	254	0.982	8	34.3

氨基甲酸酯丙烯酸酯：

$$CH_2{=}CH{-}\overset{\overset{\large O}{\|}}{C}{-}O{-}R{-}O{-}\overset{\overset{\large O}{\|}}{C}{-}O{-}NH{-}R'{-}NH{-}\overset{\overset{\large O}{\|}}{C}{-}O{-}R{-}O{-}\overset{\overset{\large O}{\|}}{C}{-}CH{=}CH_2$$

紫外光固化型胶黏剂借助高能量的紫外光照射，在光引发剂作用下，迅速分解成自由基，进而引发不饱和有机化合物活性单体发生聚合交联，形成不溶性的交联网络结构，进而使胶黏剂快速产生粘接性能。该类胶黏剂的分子量较小，将其活性单体或低聚物及其他化学品与色素一起喷射到织物上，烘干后聚合成膜，将色素牢牢黏附在织物上。紫外光固化型胶黏剂的优点有：固化快、节能、无污染，色素与纤维间紧密结合，耐磨牢度较高。缺点有：由于快速聚合，往往会得到具有密集的、刚性的高分子链和较高交联度的聚合物，影响织物手感。一种紫外固化灯如图 5-22。

图 5-22　一种紫外固化灯

另一种胶黏剂为聚合微胶乳液型胶黏剂，它是将胶黏剂组分预先制成聚合物的水性微乳液，含固量在 30%～50%之间，将其制成的颜料墨水喷射到在织物上，经烘焙后沉积在织物上，要求其粒径大多在 1μm 以下。

一般加入此类胶黏剂后，印花墨水的黏度仍会超过喷墨印花的基本需求。在体系中还需加入大量稀释剂，如：醋酸乙烯酯，使聚合物存在较长的柔性链段，从而降低其黏度，改善印花产品的手感。

(3) 胶黏剂的施加方式　通常将胶黏剂与颜料分散体系混合，配制成颜料型墨水，进行喷墨印花。这种胶黏剂施加方式需考虑胶黏剂本身与墨水体系整体的兼容性以及胶黏剂对体系各项性能指标的影响。其中最主要的影响是由于胶黏剂自身黏度比较大，会增大印花墨水的黏度，导致喷墨不够流畅，甚至容易堵塞喷嘴。随着添加在墨水中的胶黏剂量的增大，墨水的黏度增大，使墨水黏度值超标，墨水的喷射性能受到影响：而添加的胶黏剂用量减少，则会使墨水中的颜料粒子在织物上的黏附性过小，牢度降低，使产品色牢度达不到要求。

由于上述胶黏剂施加方式存在一些问题，可采用另一种胶黏剂施加方式。该方式为：将胶黏剂与颜料墨水分散体系分开配置，分别施加在喷墨印花纺织品上。这种胶黏剂施加方式是先将颜料墨水分散体系喷印在织物上，然后再通过一定手段将胶黏剂施加于织物上。相比前者，这种施加方式不仅解决了胶黏剂本身性能指标及颜料墨水体系之间的相互影响的问题；而且此方法避开喷头对胶黏剂的高性能要求，减小胶黏剂的制造复杂性，所以这种胶黏剂施加方式相对简单易行。

(4) 颜料喷墨印花工艺过程及工艺条件

工艺过程：织物预处理→喷印→烘干→焙烘。

工艺条件：焙烘：170～180℃条件下干加热焙烘 5～3min，或 200～210℃条件下热压 1min，颜料喷墨印花后通常不需要进行水洗后处理，因此颜料喷墨印花具有工艺流程短，节水、节能的优越性。而且颜料墨水喷墨印花适应产品广泛，除了各类纺织品外，也可对其他材料进行喷墨印花，生产出各种用途的喷墨印花产品。

总之，与传统印花相比，数码喷墨印花，尤其是颜料喷墨印花有独特优势，可见，喷墨印花技术有广阔的应用前景。

第六章
转移印花

一、转移印花过程

转移印花过程为：先将自行设计的花纹图案通过印花的方法印在转移印花纸（也称为转印纸）上，或者先购买已印有所需花纹图案的转印纸，然后将印有花纹图案的转印纸正面与织物正面贴合，通过一定的热处理，使转印纸上的图案转移到纺织品表面上，并扩散到织物内部，最终与织物发生牢固的固色，在织物上形成坚牢的花纹图案。因此，转移印花是指将转印纸上的染料转移到织物上的一种印花工艺方法，转移印花类似于移画印花法，就像压花、轧花将具有凹凸不平的立体花纹模板上的图案转移到织物上。

二、转移印花方法

转移印花的方法有升华法、泳移法、熔融法和油墨层剥离法等几种，其中以升华法转移印花最为成熟。

1. 升华法

升华转移印花原理是利用分散染料易升华的性能，将印有分散染料花纹图案的转印纸的正面与织物正面贴合，并在转印纸上施加一定的热压。一般经200℃左右高温作用，分散染料受热升华为气体，升华的气相染料依靠其对合成纤维的亲和力（主要存在范德华力和氢键作用力），其即会从转印纸上转移到合成纤维的表面，并随热压处理时间的延长，转移到合成纤维表面的升华分散染料，逐步向纤维大分子无定型区内部扩散，如在200℃的高温度作用下，聚酯类合成纤维的无定形区中存在1～10nm的微小空隙，无定形区内分子发生剧烈运动，空隙增大，自由容积增大，并逐渐形成半熔融状态，即形成所谓的“液层”(liquid layer)，这为气态分散染料进入纤维内部创造有利条件，最终把纤维印透，并随着温度的降低，染料分子发生凝华，被包埋在纤维的无定形区内，固着在纤维内部，从而在织物上获得具有良好牢度的彩色花纹图案效果，此法又称为干法转移印花。升华法转移印花主要适用于对分散染料有亲和力的涤纶、锦纶等合成纤维织物的印花，不适合采用难升华的染料作为印花染料以及不适合对分散染料没有亲和力的织物的印花，因此升华法转移印花有一定的局限性。

2. 泳移法

泳移法转移印花过程为：首先根据纤维的性质选择好转移油墨中的染料，制成适宜的印花色浆，印制在转移印花纸上；同时织物先经固色助剂和糊料等组成的混合液浸轧处理，然后在湿态下，将织物正面与转移印花纸正面贴合，通过湿态热压，使染料发生泳移，染料从转印纸上转移到织物表面上，再经汽蒸，使转移到织物表面的染料再向纤维内部扩散，把织物印透，并与纤维发生牢固地固着。泳移法转移印花区别于升华法转移主要在于：转移印花时织物处于湿态，织物上含有固色剂及原糊，同时织物和转印纸间需要有较大的压力，以便促进染料定向地朝着织物内部扩散。

3. 熔融法

熔融法转移印花过程为：首先制备转移印花纸，印转印纸的油墨以染料、蜡、干性油及原糊等组成，当织物正面与印好花纹图案的转印纸正面贴合时，通过高压、高热处理，将油墨层嵌入织物内，使部分油墨从纸上转移到纤维上，然后根据染料的性质作相应的后处理。在采用熔融法转移印花时，需要用较大的压力热压转移印花纸和织物，染料的转移率会随着压力的增加而提高。

4. 油墨层剥离法

油墨层剥离法转移印花关键要选择好印花油墨，应选用遇热后对纤维有较强黏着力的油墨印制转移印花纸，当织物正面与转印纸正面贴合时，由于织物与油墨之间的作用力大于油墨与转印纸之间的作用力，即使在较小的压力下，转移印花纸上的整个油墨层也能容易从转印纸上剥离下来，转移到织物表面，然后再根据染料的性质作相应的固色处理（如汽蒸或焙烘，或紫外辐射、微波处理等固色方法）。通常剥离法转移印花工艺过程为：首先对转印纸进行预处理和印花，包括：轧光、涂一层释放膜，然后再印含特殊胶黏剂的油墨；接下来再将转移印花纸正面与织物正面贴合，通过一定热压处理，油墨层脱离转印纸，并转移到织物表面，最终将织物印透，并牢固地固着在织物上，完成转移印花。

三、转移印花特点

转移印花是20世纪60年代后期开发出的一种印花方法，经过多年的不断发展，现在转移印花已经是一种具有工业规模的织物印花技术。转移印花的特点是需要印制的花纹图案不是直接印制在织物上，而是先印到一种中间载体上，再转移到承印物（织物）上，中间载体除了使用纸张外，也可以采用塑料薄膜等其他载体。转移印花是一种无需用水的印花技术，因此该印花方法符合环保发展的要求，有很好的发展前景。除了不用水外，转移印花方法还有一个主要的特点是使用的转印纸变形小，因此可以印制精细的多层次的花型及摄影风景图片的印花效果，可将图片效果真实地转移到纺织品上，获得比一般防、拔染印花更精细的效果。织物印花时，织物正面与转印纸正面贴合在一起，经过热转移印花机大约200～210℃的高温热压作用，转印纸上的分散染料发生升华，并最终转移到织物上，即完成印花过程。通常不需要进一步后处理，该印花工艺简单，便于机械化生产。此外，转移印花法疵布少，正品率高。与传统印花技术相比，转移印花有其独特的优点，总结如下。

① 转移印花效果超越传统印花水平，可印制出层次丰富，形态逼真，图案精细，立体感强，富有艺术性，具有摄影和绘画风格的花纹效果。

② 升华法转移印花过程中不用水，消除了湿处理工序，无污水排放，有利于环境保护。

③ 升华法转移印花工艺流程短，印后一般不需要蒸化、水洗等后处理过程，交货迅速、生产灵活。

④ 投资少、占地小、生产容易。

⑤ 直接将转印纸上的花纹图案转移到织物上，印花产品正品率高，转移时一次可以印制多套色花纹，不需对花。

尽管转移印花有许多优点，但也存在以下缺点。

① 升华法转移印花使用的染料一般为分散染料，因此该工艺只能适用于对分散染料有亲和力的合成纤维织物上，包括醋酯纤维、涤纶、腈纶和耐纶，而不能应用于亲水性纤维织成的织物，因此其应用受到限制。

② 升华法转移印花时，印花厂要从高度专业化的转印纸生产厂商购买转印纸，还需在转印纸上印制所需要的花纹图案；然后再将转印纸上的花纹图案转移到织物上（衣片等材料上）。通常转印纸的印花与织物印花的工艺过程一样（只不过传统印花是直接印在织物上，而转移印花是先将色浆印制在一种中间载体上，一般是印制在转印纸上），因此转印纸的印花并没有摆脱传统印花存在的问题，如果采用筛网印花，仍需要制作网版，每印一个颜色需制一块网版，制网版费用并没有省去，制网版不仅费工、耗时和耗材，同时印每一个颜色的花纹，仍需调制一个色浆，因此转印纸的印花仍然会带来成本提高和污染增大的问题。目前我国大多

数纺织品印花厂仍采用传统印花工艺方法，只有少数厂家采用转移印花工艺方法。图 6-1 为一种印有花纹图案的转移印花纸，图 6-2 为一种转移印花皮革产品。彩图 5 为一种转移印花产品。

图 6-1　印有花纹图案的转移印花纸

图 6-2　一种转移印花皮革产品

四、升华法转移印花用染料应具备的条件

转移印花应用最多的方法是升华法转移印花，此法使用的染料是分散染料。分散染料热转移印花工艺过程为：先将分散染料与水溶性载体增稠剂（如海藻酸钠）或醇溶性载体增稠剂（如乙基纤维素）、或油溶性树脂制成不同类型的油墨（色墨），然后根据不同的设计图案要求，将“色墨”印刷到转移印花纸上，最后将印有花纹图案的转印纸与织物紧密接触，利用分散染料的升华特性，在 200～220℃的条件下，在转移印花机上处理 20～30s，染料从转印纸上转移到织物表面

上，并扩散进入纤维的内部。升华法转移印花时，应尽量减少高温热压对纤维的损伤，如转移印花应用的分散染料的升华温度不能高于纤维大分子的熔点，否则热处理时，纤维的损伤很大，对涤纶较为合适的热处理温度为180～220℃。

分散染料结构不同，性能不同，对升华转移印花产品质量有很大影响。分散染料按升华牢度的高低一般分为3类：快染性分散染料、良染性分散染料和迟染性分散染料。其中，快染性分散染料的升华牢度较低，180℃左右就能升华发色，当转移温度超过180℃会引起色泽变化，而且织物边缘容易发生渗化，因此此类染料热转移温度不能高于180℃；良染性分散染料升华牢度中等，在180～210℃范围内升华发色，温度对染色深度的影响不大，适宜作为升华法转移印花用的染料。而迟染性分散染料的升华牢度高，转移温度低于210℃，染料不能很好地升华和发色，必须在高温下发色，而且温度对这类染料上染性能的影响大，此类染料不适合于用作转移印花染料。因此升华法转移印花适宜选择良染性分散染料，该类染料的分子量通常在230～400之间。同时，升华法转移印花时，应尽量提高染料的热转移率，以提高染料的利用率。

分散染料的结构、分子量、细度、升华牢度等都会对分散染料转移率有影响。表6-1为几种不同结构分散染料的转移率。由表6-1看出，不同种类的分散染料，由于其结构不同，分子量不同，染料转移率不同，如偶氮结构的C.I.分散黄54（其结构式如图6-3）的相对分了质量为318，染料转移率仅为12.31%，而杂环结构的C.I.分散黄23（其结构式如图6-4）的相对分子质量为288，染料转移率为75%，可见分散染料的结构、分子量等性能对分散染料升华法转移印花时，染料从转印纸上转移到织物上的转移率有很大影响。此外，分散染料的颗粒大小对染料的转移率也有很大影响，通常分散染料粒径小于1μm时，分散染料转移率达到70%以上。因此调制油墨时应保证将分散染料研磨至1μm以下。可见，染料结构不同，性能不同，升华转移印花时染料的转移率不同，转移印花工艺条件控制不同。

综上所述，升华法转移印花应选择适宜结构的分散染料。通常升华法转移印花选择的分散染料相对分子质量为230～400、颗粒直径为0.2～1μm、升华牢度在180～210℃的良染性分散染料。

表6-1　几种分散染料的转移率

染料名称 项目	C.I.分散红60	C.I.分散红53	C.I.分散黄54	C.I.分散黄23	C.I.分散紫23	C.I.分散蓝56
染料转移率/%	70.80	36.22	12.31	75.00	60.97	39.11

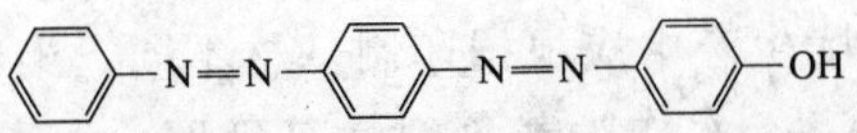

N=N　N=N　OH

图6-3　C.I.分散黄54的结构式（相对分子质量为318）

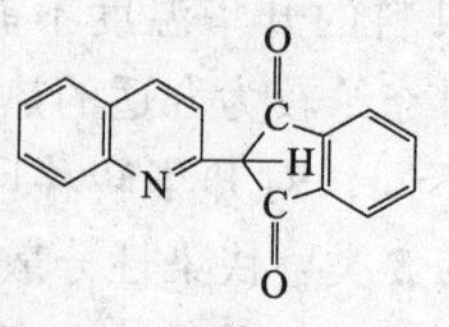

图 6-4 C.I. 分散黄 23 的结构式（相对分子质量为 288）

下面总结适用于升华法转移印花用染料应具备的条件。

① 升华法转移印花使用的分散染料必须在 210℃以下充分升华、固着在纤维上，并能获得良好的水洗牢度和熨烫牢度等。

② 升华法转移印花使用的分散染料受热后能充分升华转变为气相分子，凝聚在织物表面，并能向纤维内部扩散。

③ 升华法转移印花使用的分散染料应具备色泽鲜艳、明亮。

④ 升华法转移印花使用的分散染料对转移纸的亲和力要小，对织物的亲和力要大，染料转移率要高。

由于商品分散染料中含有大量分散剂，纯染料含量低，以致转移后得色浅，但若加大染料含量，会导致色墨的性能降低，所以用于转印纸印花的分散染料不能使用商品分散染料，最好采用提纯后的分散染料，或开发专门用于转移印花用的分散染料。

五、印制转移印花纸的色墨的组成及要求

转移印花用转印纸的印制大多采用印刷和筛网印花的工艺和设备。色墨的组成由着色剂、载色剂、增稠剂、胶黏剂等组成。色墨的制备是将以上几种成分混合后倒入胶体碾磨机或三辊磨料机内研磨，然后搅拌制成均匀的色墨。色墨中各成分的作用和要求分述如下。

1. 着色剂

色墨中的染料为着色剂，其作用为提供印花图案的色彩，其对印花产品色泽、色牢度等印花效果有很大影响。着色剂的要求及条件见上面所述。

2. 载色剂

色墨中溶解和均匀分散染料的介质为载色剂，其作用是使染料均匀分布在色墨中，并将染料由印刷设备转移到转印纸上的物质。载色剂应具备价廉、无毒、不燃烧，不影响印制效果等性能。载色剂包括水、有机溶剂和油类载色剂三大类。不同结构的载色剂具有不同的性能，并影响转印纸的印花效果和印花成本，因此载色剂选择很重要。实际生产中应根据印制基材不同，染料不同，转移印花方法不同，选择适宜的载色剂。水作为载色剂具有价廉、无毒、不燃烧等优良特性，但转移纸的化学成分为纤维素，其具有很好的吸水能力，水会使转印纸发生膨胀，

并且水蒸发速度慢，因此水作为载色剂存在不易对花、印花花纹容易变形、花纹轮廓不够清晰以及难以高速生产的问题。有机溶剂作为载色剂的优点为：对转印纸变形小，色墨可印制精细花纹，并且溶剂有适宜的挥发度，有利于提高印花生产速度，但存在成本较高，易燃烧的缺点，使用时要特别注意。高沸点油类物质也可以作为载色剂，但高沸点油类载色剂会促进染料向转印纸内部扩散，从而影响了转印纸上的染料向织物上转移的量，降低染料转移率。

3. 增稠剂

用于控制色墨黏度的物质就是增稠剂。增稠剂用量会影响印花效果，增稠剂用量过少，色墨黏度太小，转移纸印花时，容易产生花纹渗化，花纹轮廓不清晰；而增稠剂用量过大，色墨黏度太大，使印制转印纸时，花网易堵塞，造成花形不完整，而且导致将来染料由转印纸向织物的转移速度降低，造成残留在转移纸上的染料过多，降低染料转移率。实际生产中应依据使用载色剂的种类不同，选择适宜的增稠剂及其用量。以水为载色剂时，常用合成龙胶或羧甲基纤维素为增稠剂：当使用有机溶剂或油类载色剂时，可用乙基纤维素作为增稠剂。使用的增稠剂的主要要求是对染料亲和力小，易释放染料气体，并具有良好的印刷性、稳定性及热转移性等。

4. 胶黏剂

为了提高印花产品色牢度，油墨中还需加入合适的胶黏剂。目前使用较广的为热熔树脂类胶黏剂，除聚酯外，还有聚酰胺、醋酸乙烯共聚物和聚氨酯等，也可用丙烯酸酯类胶黏剂。不同结构的热熔胶黏合剂具有不同的性能。聚酯类热熔胶树脂是由多元酸与多元醇进行酯交换反应、酯化反应和缩聚反应而制得，通常以对苯二甲酸二甲酯、间苯二甲酸、乙二醇和丁二醇等为原料。不同结构的聚酯树脂具有不同的性能，饱和直链聚酯有高结晶性，但浸润性和粘接强度比较差。若在聚酯分子直链中引入苯基，将提高其熔点、抗张强度和耐热性，引入烷基和醚键将改善熔融黏度、挠曲性和柔韧性。在合成时加入其他一些酸类或醇类来取代一部分原有的单体，使其进行无规聚合，可破坏聚酯树脂的高结晶性，提高浸润性和粘接强度。如聚酯的制备中加入1，4-丁二醇或改变组分的配比，可得到不同分子量和软化点的聚酯树脂。聚酰胺热熔胶具有黏合力强，韧性好、抗低温，与尼龙产品亲和力强，适合于制备印尼龙产品的转印纸。乙烯-醋酸乙烯共聚物熔点低，黏结力强，可加入到印刷油墨中用于生产转移印花纸。聚氨酯热熔胶也具有很强的黏合性，但成本高。依据待印纺织品原料不同及成本等要求，转移印花时应选择最适合的热熔胶胶黏剂，也可拼混使用。此外，需注意分散染料中含有大量的亲水性助剂（如分散剂等），其与油墨树脂所使用的溶剂的相容性较差，制成的油墨性能不理想。油墨树脂所使用的溶剂一般有松节油、松油醇、高沸点烷醇、芳烷烃等。

印制转印纸的色墨举例如下。

（1）升华法转移印花用油墨

① 水性印刷油墨

实例 1：印刷基材为棉材料的油墨组成

分散染料（作为着色剂，要求升华牢度在 180～200℃，相对分子质量在 280～300）

水（作为载色剂）

合成龙胶（作为增稠剂，要求其对染料升华牢度影响小，含固量低，黏度高）

实例 2：印刷基材为纸材料的油墨处方（g）

分散染料	50～200
水	100
乙醇-乙二醇	320～490
丙烯酸酯类胶黏剂	400/1000 色浆

实例 3：筛网印刷油墨处方（g）

分散染料	100～150
合成龙胶	700
水	140
松油（防堵网）	5～10/1000 色浆

水性油墨印花存在问题有：纸张会发生膨化，多套色印花，对花难度较大，应予以重视。

② 溶剂性印刷油墨

实例 1（g）：

乙醇	760
乙二醇	50
分散染料	100～150
乙基纤维素	40/ 1000 色浆

实例 2（g）：

甲苯	780
乙醇	40
分散染料	150
乙基纤维素	30/ 1000 色浆

实例 3（g）：

分散染料	160
硫酸钡	160
乙基纤维素	60
磷酸三甲苯酯	9
甲基异丁基酮	611 /1000 色浆

（2）湿法转移印花用油墨

采用剥离法湿法转移印花方法对转印纸处理工艺过程，转移印花纸经轧光→

印剥离层浆→印制印花油墨。

① 剥离层浆处方（g）

苯酚树脂	30
乙基纤维素	3
重质碳酸钙	15
黏土	15
醋酸乙酯	37/100

或使用阿拉伯树胶与清漆、甘油、碳酸氢钠调制成剥离层浆。

② 印花油墨配方（g）

染料	20
半干性油酸变性的醇酸树脂清漆或合成龙胶	80/ 100 色浆

③ 反应性印花油墨组成

由嵌段聚异氰酸酯、聚醇、染料组成的油墨，印在转移印花纸上，再转移到织物上，聚氨酯具有反应活性，热转时能与纤维等物质发生化学反应，能提高印花产品的色牢度。

六、转移印花纸应具备的条件

升华法转移印花是先将图案印刷或打印在一种特殊的转移印花纸上，然后通过施加一定温度和压力，再将完整、鲜艳、层次感强的图案转移到承印物（如棉布、化纤类织物或其他器皿等）上。在这个过程中，起转印载体作用的转移印花纸（简称转印纸）的性能对印花产品质量影响很大，转印纸其应具备以下条件。

① 转印纸要有足够的强度和一定的平滑度和拉伸强度。

② 转印纸对油墨要有良好印刷性及覆盖力，但对色墨的亲和力要小，染料的转移率要高。

③ 转印纸在印花过程中应不发生变形、在高温处理时不至于发脆、变黄，稳定性好，且无沾污。

④ 转印纸应有适当的吸湿性。吸湿性太差会造成色墨搭色、堆积；吸湿性过大，又会造成转印纸的变形，花纹渗化，轮廓不清晰。故生产转印纸时，要严格控制填料。

根据以上要求，转印纸应达到的标准有：吸湿性 40～100g/m^2；撕裂强度约 980N/5×20cm ；透气性 500～2000L/min；单重 60～70g/m^2；pH 值 4.5～5.5 ；不存在污物。

转印纸最好用针叶木纸浆制造，其中化学法纸浆和机械法生产纸浆各占一半较好。这样可以保证转印纸在高温处理时不至于发脆、变黄。表 6-2 为不同结构的转移印花纸的印花性能比较。

表 6-2 不同结构的转移印花纸的印花性能比较

指标	牛皮纸	60g/m² 书写纸	70g/m² 书写纸	70g/m² 进口纸	75g/m² 双胶纸	80g/m² 铜版纸
在基纸上印制的精细度	—	99.1	99.2	99.7	99.0	98.5
在织物上转移印花花纹的精细度	—	98.1	98.0	98.0	97.5	98.0
基纸泛黄情况	—	略有	略有	无	略有	几乎无
转移率/%	69.62	70.67	70.93	70.01	70.10	69.98

七、转印纸的印制方法

转印纸的印制方法可以采用印刷法、普通筛网印花法或喷墨印花法等。目前转印纸大多采用印刷方法进行印制。转印纸的印制方法有凹版印刷法、凸版印刷法、平版印刷法和筛网印刷法 4 种，其中以凹版印刷最为广泛。筛网法印转印纸适用于小批量、多品种印制，可在印染厂印制转印纸。该印花方法具有成本低、速度快、得色浓、操作简便的特点，但筛网印花法由于采用水溶性油墨，在花纸上印制的花纹图案的立体感和轮廓清晰度不如溶剂型油墨好，花纹通常较粗，不够精细，不能很好地发挥出转移印花的优势。转印纸在经过转移印花后，纸上的花纹图案转移到了织物上，转印纸就完成其使命，成为废纸，因此转移印花存在转印纸浪费以及存在由于转印纸的使用而引起的成本提高和污染问题。研发出能循环使用的转移印花中间载体来取代转印纸，可克服此缺点，所以把颜料或染料制成的色墨除了可以印刷在转印纸上外，也可以印制在可循环使用的其他载体薄膜上，如：橡胶、塑料、金属箔上，然后再将花纹图案转移到待印的产品上（不一定是纺织品）。

另外，可采用数字喷墨打印技术印制转印纸。数字喷墨热转移印花：在转印纸上喷墨打印出所需的花纹图案，然后再把花纹图案从转印纸上转移到织物上，这不仅大大降低了印花的技术难度，省去印花前的花网制备、调浆等工序，而且免除了对织物喷墨印花前的预处理工序，降低转移印花成本，减少污染。目前，最适合的转移印花工艺为应用于涤纶等合成纤维织物的升华法转移印花工艺。

八、合纤织物升华法转移印花工艺

1. 合纤织物升华法转移印花过程

合成纤维织物转移印花利用分散染料的升华特性，将转印纸上的染料转印到织物上，属于升华法转移印花。一般经历 3 个过程：在转移过程发生前，全部分散染料都在纸上的印膜中，被印织物和空气缝隙内的染料浓度为零，空气缝隙的大小取决于织物的结构、纱支和转移压力；在转移过程中，首先转印纸及被印织物被加热，直至转印纸和被印织物达到转移温度，分散染料开始挥发或升华，并在纸与纤维间形成染料浓度梯度；然后挥发或升华的分散染料分子开始吸附在纤维表面（由于染料对纤维有亲和力），再继续向纤维内部扩散，分散染料的吸附和向纤维内部扩散是持续不断地进行着，其中吸附速率取决于染料扩散到纤维内部的速率，最终达到染料转移平衡。为了使分散染料能定向扩散，往往在被印物的背面一侧抽真空，使分散染料定向扩散转移；在转移结束后，纸上的分散染料被转移到织物上，被印物着色，但转印纸上还存在部分剩余分散染料，并有可能迁移到纸的内部，残留的分散染料量与染料的蒸汽压、分散染料对浆料或转移纸的亲和力和印花膜的厚度等因素有关。升华法转移印花后，织物一般不需要经过湿法后处理，因此该印花方法具有节能和减轻污水处理负荷的优点。

2. 升华法转移印花工艺分析

利用分散染料的升华特性，使用相对分子质量为250～400、颗粒直径为0.2～1μm的分散染料与油溶性树脂制成油墨，先印制转移印花纸，然后在转移印花机上，200～230℃条件下热处理20～30s，使分散染料由转印纸上转移到涤纶等合成纤维上，并与纤维发生牢固结合。不需要进行水洗后处理，完成升华法转移印花工艺工程。

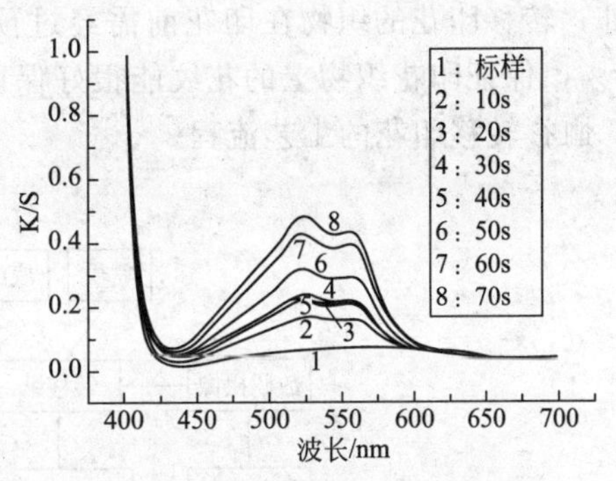

图 6-5　160℃热转移温度下不同转移印花时间织物表面的染色深度值

转移印花工艺条件（如温度、压力等）对染料转移率及印花产品质量有很大影响。转移温度选择对转移印花效果影响为：温度升高，染料转移率提高，但温度太高、时间过长、成品柔软度下降、手感变差，因此转印温度控制应适当。转移印花压力对转移印花效果影响为：压力过小，织物与转印纸之间空隙较大，染料气体分子容易逸散，转印效果差，同时染料也容易渗开，使花纹线条变粗、花形轮廓模糊，印花清晰度变差；压力过大，织物纱线容易产生变形，造成手感粗硬，因此转印压力应控制适当，以保证织物与转印纸之间的空隙适宜，使着色效果好、花纹线条流畅、花形轮廓清晰、精细。图 6-5 为热转移温度 160℃时，转移印花时间对织物表面的染色深度值的影响关系；图 6-6 为热转移温度 200℃时，转移印花时间对织物表面染色深度值的影响关系；由图 6-5 和

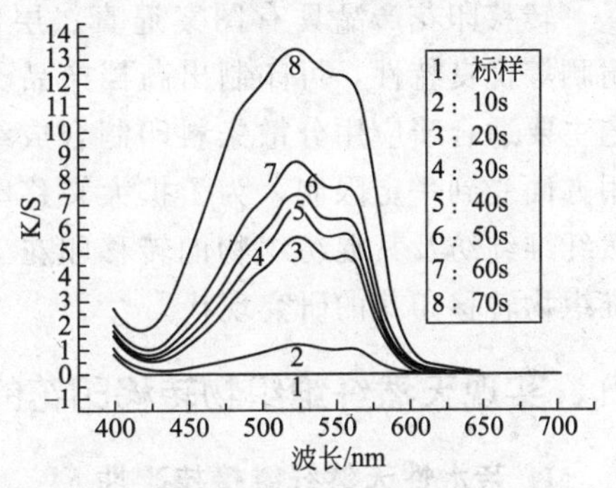

图 6-6　200℃热转移温度下不同转移印花时间织物表面的染色深度值

图 6-6 可以看出，随着转移印花热处理时间延长，织物表面染色深度值增大，转印纸上的染料在织物上的转移率不断提高，而且相同热转移时间下，升高温度，有利于染料从转印纸上向织物上转移，进而提高织物表面染色深度。因此适当升高热转移印花时转印纸与织物间的热压温度和时间，有利于提高染料的转移率。

3. 升华法转移印花工艺流程举例

转移印花工艺流程为：首先将客户所要求的各种风格和色彩的花纹图案，通过电脑设计→电脑分色→电脑雕刻制版→然后通过轮式凹版印刷等方法印制转移纸→再经热转移加工将转印纸上的花纹图案转移至不同原料的被印材料上（涤纶化纤面料或涤/棉混纺织物、锦纶织物、或人造革等不同材质的面料上）。注意选择合适的热转移工艺条件，涤纶织物热转移时，压烫温度为：210～215℃，时间为 20～30s；锦纶织物热转移时，压烫温度为：190～205℃，时间为 20～30s。此外，转移印花的织物在印花前需经过预定型或上浆处理，使被印织物收缩率小于1%，保证印花织物上的花纹能很好保留设计者的风格，不能变形。图 6-7 为一种T 恤衫转移印花的工艺流程。

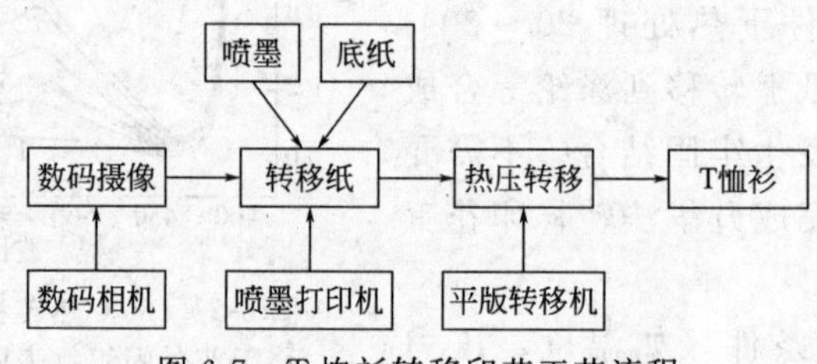

图 6-7　T 恤衫转移印花工艺流程

转移印花产品具有图案逼真、层次丰富、色彩鲜艳、立体感强，而且耐洗、耐晒等优良特性，可印制出高档产品。然而目前应用最成熟的升华法转移印花工艺主要适合于应用分散染料印制合成纤维织物，因此该方法在染料应用和产品应用方面受到一定限制，为了扩大转移印花应用品种，人们做了许多研究，有关天然纤维纯纺及其混纺织物的转移印花工艺技术的研究很多。下面介绍目前天然纤维织物转移印花的研究现状。

九、实现天然纤维织物转移印花的途径

1. 亲水性天然纤维接枝改性

通常天然亲水性纤维对水溶性差的非离子分散染料亲和力小，因此分散染料不能作为亲水性天然纤维染色用的染料，若在天然纤维上连接分散染料的受体，即对亲水性天然纤维进行疏水化改性，在亲水性纤维上引入能与非离子分散染料结合的基团，增大改性天然纤维与分散染料之间的亲和力，可以实现天然纤维分散染料升华法转移印花。有人研究棉纤维经苯甲酰氯接枝改性，丝纤维经乙酰化-

苯乙烯接枝改性，改性的天然纤维对分散染料的亲和力大大提高，改性织物就可以采用分散染料升华法转移印花。表6-3为苯甲酰接枝改性棉织物与涤纶织物分散染料转移率的效果，由表6-3看出，经苯甲酰化改性处理的天然棉织物，由于棉纤维被疏水化接枝改性，使得改性天然棉织物采用分散染料转移印花时，染料的转移率显著提高，织物表面的染色深度接近于涤纶织物，同时印花产品的耐洗色牢度也十分优良，但分散染料的转移率与染料结构有关，还有待进一步研究。

表6-3 苯甲酰接枝改性棉织物与涤纶织物分散染料转移率效果的比较

织物	颜色	最大吸收波长/nm	K/S	染料相对转移率/%
纯涤纶	黄	420	14.732	100
	红	520	18.320	100
	蓝	670	7.406	100
苯甲酰改性的纯棉织物	黄	420	12.122	82.3
	红	520	17.999	98.3
	蓝	610	3.438	46.4

此外，还可以采用羟甲基丙烯酰胺助剂为接枝改性剂来改性亲水性天然纤维，使改性纤维上引入羰基，由于羰基（C═O）为吸质子基团，可以和分散染料分子结构中某些能够提供质子的极性基团（如—OH、—NH、—NHR等）之间形成氢键结合，增大分散染料与改性纤维之间的作用力。研究已经表明，转印纸上的分散染料可以通过升华热转移至经羟甲基丙烯酰胺改性的棉织物上。但该助剂改性存在织物上会残留游离甲醛，以及印后的织物仍需要水洗和烘干的缺点，还有待改进。

2. 界面聚合法

选用适当的疏水性聚合单体，对亲水性天然纤维表面进行接枝聚合改性，在天然纤维织物表面包覆一层疏水性聚合物，这些聚合物可以是聚酯、聚酰胺、聚苯乙烯等，依靠这一层疏水性聚合物质对分散染料的作用力，从而显著提高改性的亲水性纤维织物对分散染料的亲和力，可以实现分散染料对亲水性纤维织物的升华法转移印花。但经表面聚合法改性的亲水性天然纤维织物，由于其表面包覆一层疏水性聚合物薄层，可导致天然纤维失去其本身的一些优良性能，如吸水、透气性降低等。

3. 纤维膨化

用聚乙烯醇等膨化剂处理亲水性天然纤维，提高纤维对分散染料的溶解性，并膨化纤维的无定形区，增大分散染料向纤维内部的扩散速率，进而实现分散染料对亲水性纤维的转移印花。以聚乙二醇为天然纤维膨化剂为例，聚乙二醇是一种高沸点的非离子性的极性溶剂，不但能作为分散染料的溶剂，而且能溶胀膨化亲水性天然纤维，结果表明，经聚乙二醇膨化剂处理的棉织物采用分散染料升华法转移印花可获得色泽鲜艳的印花产品。但是因为聚乙二醇是分散染料的溶剂，印后织物在存放过程中会出现严重的染料泳移现象。

4. 接枝改性与膨化联合法

使用*N*-羟甲基丙烯酰胺，或其他交联剂（如2D树脂）改性棉纤维，增大棉纤维与分散染料之间的作用力，同时在改性液加入聚乙二醇或聚丙二醇膨化剂，提高分散染料在改性纤维内部的溶解度及分散染料向改性纤维内部的扩散速率，两者联合使用具有协同作用，能进一步改善分散染料对棉织物的升华法转移印花效果。

十、天然纤维转移印花工艺举例

1. 膨化剂与交联剂联合改性棉织物分散染料升华法转移印花举例

棉织物预处理（浸轧聚乙二醇或聚丙二醇和2D树脂等交联剂的整理液）→烘干→焙烘（160℃，3min）→水洗-再与已印有分散染料花纹图案的转印纸的正面贴合，在一定温度、压力、时间下，进行转移印花。由于经过改性棉织物上含有二醇类等物质，在采用分散染料升华法转移印花时，分散染料的转移率显著提高，并且印花产品的色牢度良好。

2. 真丝织物转移印花举例

真丝织物浸轧改性液：羟甲基丙烯酰胺（接枝聚合剂）、聚乙二醇（相对分子量质为788，为膨化剂）、少量阻聚剂→烘干（低于100℃烘干，防过早交联）→再与已印有分散染料花纹图案的转印纸正面贴合，在一定温度、压力、时间下，进行升华法转移印花（170℃热压20～30s，条件一定要合适，以防织物手感粗糙，强力下降）→增白等后整理。

3. 印制具有防染效果的转移印花产品举例

先用含有活性基的活性分散染料油墨在转印纸上进行满地印花→再用含有聚乙烯亚胺（为封阻剂）及非活性的分散染料油墨印花，此时，后印花处的地色活性分散染料与色浆中的聚乙烯亚胺反应，阻止活性分散染料升华，因此在转移印花过程中，只能将非活性的分散染料及未印花处的活性分散染料转移到涤纶织物上或转移到经疏水化改性的天然纤维织物上，获得具有防染印花效果的印花产品。

4. 全棉织物活性染料冷转移印花

（1）冷转移印花技术及其印花特点　转移印花工艺由于其具有灵活的花回尺寸和逼真的印花效果，不产生污水，有利于环境保护等优势，因此这种印花工艺方法有较好的应用前景。近年来转移印花工艺技术在不断发展，在颜色的深浓度、鲜艳度、色牢度等方面都有了很大的进步。但大多数转移印花的机理仍属于升华法转移印花，使用的染料是分散染料，这种方法是利用分散染料高温升华的特性，在高温状态下将转印纸上的染料转移到涤纶等合成纤维织物上，这种工艺应用的局限性是只适用于化纤织物。然而在家纺和服装领域，越来越多的设计师选用天然纤维织物，如全棉布、麻布、再生纤维素纤维，如莫代尔、天丝等织物来达到其设计目的，这类织物具有环保、柔软、吸湿、透气等优良特性，因而深受广大消费者的喜爱。因此有必要开发天然纤维织物的转移印花。

近年来有人研究全棉织物的冷转移印花，在转印过程中采用不加热的室温转移。冷转移印花使用的染料是活性染料，可适合于任何纤维素纤维，包括全棉、麻类及粘胶、莫代尔、天丝等再生纤维素纤维。这种方法活性染料转移率能够达到95%，转移到织物上的染料固色效率也有近90%。因此，冷法转移印花虽然也需要固色后的水洗处理，但比传统直接印花工艺产生的污水少得多。同时冷转移印花不受织物结构限制，不论是梭织物还是针织物，无论是厚织物还是薄织物，都可以采用这种冷转移印花技术。对于一些较厚的紧密织物还可以用双面两层印花纸同时进行转移印花，以达到双面印花的效果。全棉冷转移印花的工艺及其印制的效果，可以说是印染技术的一次革命。它打破了原来传统圆网印花的花回尺寸和颜色套色数受限制的瓶颈，并且它借用了原来印刷上的四分色拼色原理，能印制出立体感强、层次丰富、颜色无限的照片效果的印花产品，其印制的精美效果可以与电脑喷墨印花相媲美。这种印花工艺使印花的效果向印刷的效果靠拢，可提高印花产品档次。随着全棉冷转移印花工艺成本的进一步下降，它在精细印花方面的优势突显出来，特别是在尺寸稳定性差、印花难度大的针织布上进行冷转移印花的优势更大，冷转移印花不仅印制出的花纹图案精细度好，而且该印花工艺方法具有节能、降低印花成本的优点。

(2) 活性染料冷转移印花工艺　活性染料冷转移印花工艺是先将棉织物浸轧碱液，然后与已印有活性染料色墨的转印纸正面贴合，在一定温度、压力、时间下，棉织物所带碱液使转印纸上色浆被溶解下来。由于染料对棉织物的亲和力比对转移印花纸的亲和力大，染料即转移到织物上，并进入到织物纤维间隙中，在打卷堆置过程中染料逐步完成吸附、扩散、固色过程，最后再经水洗等后处理，洗去织物上印花浆料及水解染料等杂质。这种转移印花方法约有95%的印浆可从转印纸上转移到织物上，其中转移到织物上的染料有90%～98%可以与织物发生牢固地固着，固色效率远高于传统直接印花，因此活性染料冷转移印花后处理用水量显著低于传统印花工艺，该印花工艺具有节水和大幅度地减少污水排放量，降低能耗，而且印花产品具有得色浓艳、花纹精细，各项染色牢度良好等显著的优势。但为了保证印花产品的质量，印花用染料、色墨调制、织物选择以及印花工艺及条件等各方面均应考虑周全，不能忽视任何一个因素。

① 冷转移印花用染料选择要求　考虑到转移印花时，色浆吸收的水分要比传统直接印花工艺少，因此转移印花选择的活性染料的性能不同于传统印花，适合冷转移印花的活性染料应具有良好的溶解性、较快的固色速率、高的固色率，并且稳定性要好，水解染料易于从织物上洗除等特点。选择合适性能的活性染料不仅对于印制高质量的印花产品有利，而且能达到缩短印花加工时间、节能和降低生产成本的效果。

② 印花半制品要求　影响活性染料与棉纤维固色反应的因素很多，固色反应速度不仅与反应物浓度、温度和 pH 值等有关，而且与反应物（染料、纤维织物）的物理、化学状态有关。因此准备印花的棉织物（印花半制品）的性能对活性染料的固色效率有很大影响，通常棉织物在印花前必须进行很好的精练前处理，一般工序包括退浆、精练、漂白和丝光等。由于前处理工艺将影响织物的性能，因此印花前织物的前处理工艺对于获得活性染料最佳的印花效果极为重要，千万不能忽视，尤其是丝光处理对提高印花产品色泽鲜艳度和色泽深度及固色率有很好的促进作用。除了常规前处理外，棉织物在使用活性染料冷转移印花前，一般还需要进行轧碱浆或印碱浆预处理，织物上的碱浆将有利于活性染料从转印纸上转移到棉织物上，并逐渐向纤维内部扩散及与棉纤维发生化学反应，形成共价键，最终使活性染料牢固地固着在棉织物上，而活性染料色墨中不含碱，因此转印纸上印的活性染料色浆不含碱，进而减少活性染料水解，有利于提高固色率。

③ 织物预处理碱浆配置　配置碱浆时，需加入原糊作为增稠剂，考虑活性染料的适应性，最理想的原糊是海藻酸钠糊，海藻酸钠糊具有良好的稳定性和渗透性，印制的花纹轮廓清晰，色泽均匀，以及水洗时容易去除等优点。但海藻酸钠糊对金属盐，如锌、钙、铝、铜、铁等（镁盐除外）很敏感，易产生凝聚或沉淀现象，应用时需加解凝剂、金属络合剂等来避免此问题的出现。另外考虑到海藻酸钠糊成本高，目前有人研发合成增稠剂糊、淀粉改性糊等来代替或部分代替海藻酸钠糊。以下为棉织物预处理碱浆处方举例：

温水	80kg
六偏磷酸钠	0.5～1.5kg
海藻酸钠	6～8kg
纯碱	0.2～0.5kg
甲醛（10%）	0～100mL
水	适量
尿素	5～10kg
合成	100kg

转移印花前棉织物预处理碱浆的调制过程：将温水放入桶内，加入六偏磷酸钠和纯碱溶液，在不断搅拌下将海藻酸钠缓缓倒入温水中（60℃左右）。充分搅拌至均匀无颗粒状（约 2h），然后加水补足至总量，再用纯碱调节 pH 值为 7～8，最后加入防腐剂甲醛。

④ 印制转印纸的色浆组成（%，质量百分比）

活性染料	约 20
丙醇	约 80（充分搅拌，使其饱和）

⑤ 转移印花工艺过程　首先将色浆印制在转印纸上，同时织物上浆预处理（由原糊、碱、尿素组成的浆，含湿 80%）→再将印花的转印纸正面与含碱浆的织

物正面贴合→转印（压力为20MPa，温度为50～60℃）→打卷→堆置→冷水洗→皂洗（90～95℃）→热水洗（60～70 ℃）→冷水洗→拉幅定型，此印花工艺称为活性染料冷转移印花，冷转移印花具有节能的优点，但染料向纤维内部扩散速率慢，打卷堆置需要的时间长（具体时间由染料结构类型、染料的反应性以及印花的色泽深度、织物的厚度等而定)，生产效率低。为了提高生产效率，可将打卷→堆置工序换为：烘干（90～100℃）→ 汽蒸［（102～105℃)，(5～7min）］工序，以提高染料向纤维内部的扩散速率，缩短固色时间，但该工艺方法耗能大于冷转移印花工艺。

十一、转移印花设备

有很多转移印花设备，常见的有平版转移印花机。根据转移印花的连续性，转移印花设备又分为间歇式和连续式两种。图 6-8 和图 6-9 为两种间歇式平版式转移印花机；图 6-10 为一种连续式热辊转移印花机。

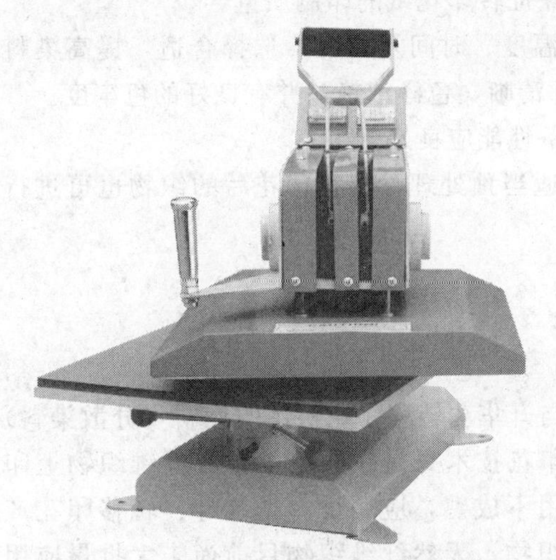

图 6-8　一种间歇式平版式转移印花机

图 6-9　另一种间歇式热转移印花机

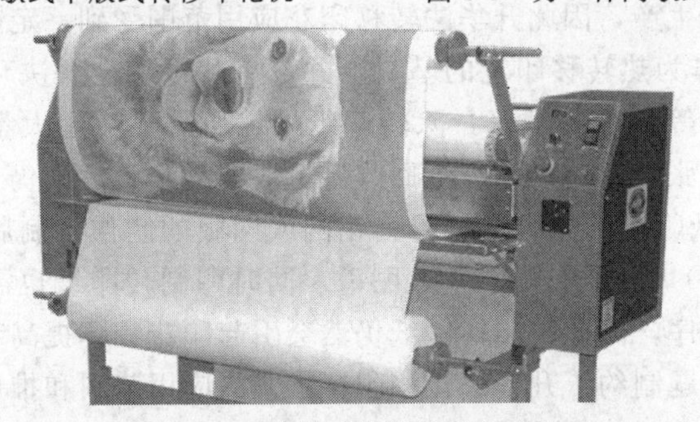

图 6-10　连续式热辊转移印花机

转移印花热压时有常压，也有真空负压，热压时应注意防止绒毛被压倒及织物表面出现极光。

十二、转移印花过程中需要注意的技术问题

要获得质量优的印花产品，这是一个系统过程，必须通盘考虑影响印花产品质量的各个因素，任何一方面的忽视，都有可能导致产品质量下降，下面分析总结转移印花工艺中需注意的技术问题。

① 印花半制品前处理应匀、透，尺寸稳定性好，缩水率小，不易变形。

② 转移印花使用的转印纸质量一定要达到要求，必须符合印刷要求，确保印制转移印花产品花纹的精细度和具有高的染料转移率。

③ 油墨质量符合要求，根据转移印花方法不同，选择适宜的转移印花用着色剂（染料性能符合要求）及适宜的油墨组成（水性、溶剂型、油性等油墨），以提高染料转移率及印制花纹的精细度，不能产生花纹渗化及图案变形的问题。

④ 印制转印纸方法及花网选择好，保证转印花纸的印制质量。

⑤ 转移印花时的工艺条件（热处理温度、时间及压力）选择合适，提高染料转移率、固色率，保证印花产品花纹轮廓清晰，色泽浓艳，并有良好的色牢度。

⑥ 转印纸的印制设备及转移印花设备性能应良好。

⑦ 印花半制品在转移印花前可进行适当预处理，转移印花后的织物也可进行适当后处理，以保证印花产品的质量。

十三、传统转移印花存在的问题

传统转移印花存在以下问题。

① 因为天然纤维和其他亲水性纤维与升华法转移印花所用的染料（分散染料）之间没有亲和力，因此目前升华法转移印花技术只是在涤纶等合成纤维织物上印花较为成熟，其在亲水性纤维织物上应用不成熟，应用少。据统计：转移印花产品的80%为涤纶织物，10%为涤纶混纺织物，天然纤维织物目前尚未大批量应用转移印花方法进行生产，因此升华法转移印花应用范围受到一定限制。

② 用转印纸作为热转移印花的基材，并没有从根本上解决环境问题。转移印花需要耗用与织物等长度的纸张，除转印纸外，还需要耗用大量衬纸，因此转移印花耗用大量的纸张，由造纸和废纸回收所造成的耗水和污染仍十分严重。

③ 传统转印纸印花，仍然没有省去花网或网版的制作，制版费用昂贵，每套版的费用（含版基）为50～3000元人民币，同时印制转印纸也需要调制色浆（油墨）和需要印花工序，因此印制转印纸仍然会引起印花成本提高和污染增大。

正是这三大问题制约了升华法转移印花工艺的应用范围和推广使用。若能解决这三大问题，升华法转移印花不仅能扩大应用范围，而且能真正实现清洁印花工艺。

十四、转移印花发展趋势

1. 扩大转移印花应用范围

传统印染加工存在耗水量大，废水排放大量的缺点。这是由于在染整加工过程中，助剂、染料溶解的介质是水，将助剂和染料吸附上染到织物上的介质大多数用的也是水，印染加工中许多工序都是在水存在下的液相作用（或反应），而液相反应具有不完全性，因此需要使用大量的净水去除织物上的未反应物。将织物上的杂质、浮色、未结合的助剂去除就需要使用大量的水，所以印染生产离不开水。目前对废水进行有效彻底处理，在技术上还存在一定的难度，而且污水治理费用高，这给企业带来了沉重的经济负担。当今社会人们环境意识越来越增强，开发节水环保的新工艺，从源头防污，就显得尤为重要。转移印花是一种气相反应，通过气化的升华染料分子与纤维发生固着，织物上无残留物，无需水洗，不会排放废水。而且只要转印纸上的花纹图案没有质量问题，织物上所转移的花纹图案一般就不会有问题，进而一次准确加工率提高，由此提高了产品的正品率，进而降低了由于二次加工带来的能耗和环境污染问题。因此开发新的气相生产工艺来代替传统液相的生产方法是节水、减少水污染的一条有效途径。对于合成纤维，当其受热时，大分子运动速度增大，在玻璃化温度以上，非晶区大分子剧烈运动，无定形区内部产生更多自由容积，并逐渐软化成半熔融状态，成为液层，可以接受升华成气体的分散染料，因此可以采用升华法转移法印花工艺印制合成纤维织物。升华法转移印花是一种干式印花方法，其不仅可以印制轮廓清晰、层次丰富的花纹图案，而且该印花工艺具有很好的环境效益。但在高温下，对于亲水性纤维（如棉）却不形成液层，而是有可能会发生纤维脱水、炭化等反应，而且亲水性纤维与升华成气体的分散染料之间没有良好的亲和力，不能接受分散染料气体，因此亲水性纤维不能采用分散染料升华法转移印花。而必须采用其他转移方法，如对亲水性织物进行疏水化改性，在纤维上引入分散染料的受体，以适应分散染料干法转移印花。最近有研究者已经采用升华法转移印花工艺将非离子分散染料转移到棉布上，并获得良好的耐洗色牢度，但仍未达到与合成纤维相同的转移印花效果，因此，这方面的研究工作仍需要进一步深入进行。随着转移印刷技术的提高和研究成果的不断出现，将来升华法转移印花不仅可以应用在聚酯等合成纤维上，而且在锦纶、腈纶、棉、麻、毛织品上也将会得到普遍应用。

2. 转移印花中间载体的循环使用及无纸转移印花技术的应用

在转移印花生产过程中，有很多废的转移印花纸和衬纸产生，造成污染和资源浪费，若开发能循环使用的转移中间载体，就可以克服这些缺点，这是转移印花技术研发的另一个方向。下面介绍金属箔作为升华法转移印花纸的替代技术：使用金属箔为热转移基材。金属箔能像纸一样承印各种花纹图案，并将其热转移到织物等材料上，而且在热转移后，可以通过清洗系统，去除金属箔上残留的色墨，实现转移中间载体重复使用（基本上无损耗）。金属箔的导热速度快，热转移速度是传统转印纸热转移的 2 倍以上，提高了生产能力。以金属箔替代转移印花纸，不仅可消除造纸和废纸再生的耗水及废水排放问题，而且由于可以重复使用转移中间载体，能够大幅度降度生产成本，具有良好的工业应用前景。为了实现金属箔的重复使用和热转移印花过程的连续化，有人构思了如图 6-11 所示的无纸热转移印花机结构装置。其工艺过程为：金属箔首先在印刷区印上花纹，再移动到热转印区入口，与待印布贴合后，经过热转印区，金属箔上的花纹被转印到待印布上（吸附到纤维的表面，并扩散至纤维内部），在热转印区出口处印花成品与金属箔脱离，金属箔继续向前移动至印刷区循环使用。

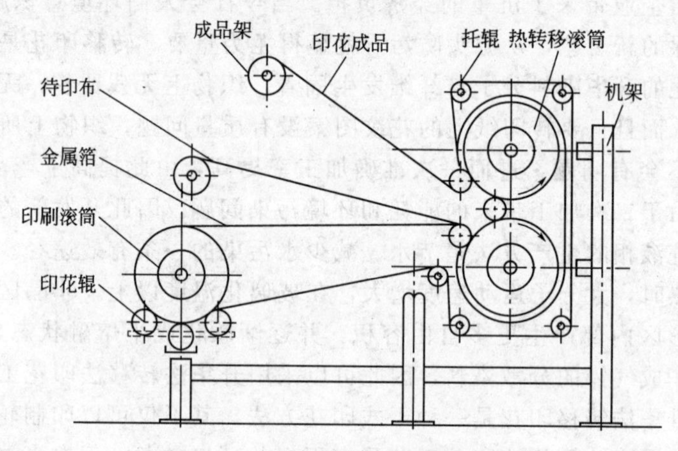

图 6-11　无纸热转移印花机结构装置

通过金属箔将花纹印刷机和热转移印花机组合在一起，构成了一种国际首创的“无纸热转移印花机”。目前已制备出小型试验机，并在小型试验机上进行了初步的工艺试验。由小试结果可以初步断定，该机成功后能达到以下目标：生产能力为 20～50m/min；生产成本比传统印花低 15%（包括耗水和污水治理费）；具有机电自控功能；产品质量达到国家标准；机器售价不超过进口圆网印花机价格的 1/2。但是实现此目标前还需要攻克一些难关，如张力调控问题等。

无纸热转移印花工艺免除了传统印染工艺的固色、皂洗和水洗 3 个环节，进而达到了节水和降低水污染的目的，同时免除了现有的有纸热转移印花工艺因耗纸带来的间接耗水和水污染问题，还拓宽了热转移工艺的应用范围。该印花工艺在环保方面具有非常突出的优势。图 6-12 为传统印花、有纸及无纸热转移印花工艺流程的比较。

但无纸转移印花，仍需对非纸中间载体（如金属箔）进行印花，仍需要制备花网，而制备花网需耗费大量的人力、物力、财力，同时，也带来一定的污染，有必要降低制版费用或采用无版印花。

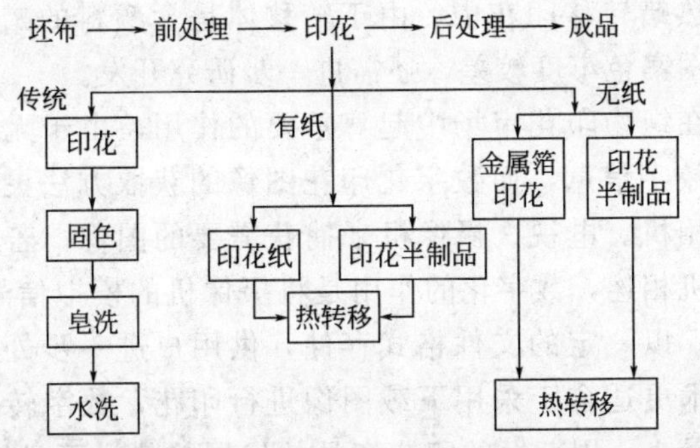

图 6-12 传统印花、有纸及无纸热转移印花工艺流程比较

3. 降低制版费及无版印花技术的应用

目前，转移印花纸的印制方式常采用凹版印刷。这种印刷方式的主要优点是机型简单、花纹的过渡层次自然、立体感强，缺点是制版费用昂贵，难以满足当今社会个性化发展的潮流。上述无纸转移印花工艺中，金属箔同样需要印刷，同样存在制版费用昂贵的问题。所以降低制版费或采用无花版印花是转移印花技术研究发展的另一个趋势。降低制版费基本思路有以下几个方面。

① 以胶印替代凹印。需要研究适合胶印的环保油墨和配色方案。对于这类油墨，不仅要考虑油墨的印刷性能和环保问题，还需要考虑如何提高油墨中染料从基材向织物转移的百分率，否则难以印制深浓色产品。

② 以网印替代凹印。网印的配色方案和油墨性能与凹印基本相同，所以比较容易实现，但也需要从油墨的转移率入手解决深浓色印花问题。

③ 研究凹版的新型替代材料和加工工艺。

④ 采用数码印花方法印制热转移印花基材（中间载体）。若用数码印花机印制热转移印花基材，就能彻底免除制版。

降低转移印花成本，提高产品质量的最佳方法是在转移印花纸打样过程中不用网版，像喷墨打印一样。随着转移技术和控制技术的发展，目前无版印花系统已有效地用于印花生产，其中适宜数字转移印花的热转移技术主要有两种，即热扩散（升华）转移和热蜡转移，这是一种以色带作为转移介质，将数字图案转移到承印物上的技术。彩色热蜡转移和染料升华打印机的工作方式是非常相似的，也有混合式打印机，既可作为热蜡打印机，也可作为染料升华打印机，实际应用时以何种方式工作依所用介质而决定。上述两种打印机均由色带提供颜色，通常情况下，色带由和布面幅宽大小相同的青色、品红色、黄色和黑色 4 幅组成，一幅跟着一幅接在一起，彩色图案分 4 次打印，每次一种颜色，由电脑控制打印头打印。染料升华打印机使用的色带上面涂的是透明染料，而热蜡打印色带上面涂的是一层很薄的色蜡。当色带经过电脑控制的热打印头打印时，色带就可以将图像进行转印。它们两者的差异在于热升华转移印花中，染料发生上染和固着现象，产品色牢度好；而热蜡转移印花中，由于转移体是含颜料的蜡质，在被转移织物的表面形成的花纹图案色牢度较差，还需进一步研究开发。

如今转移印花在织物印花市场中起着重要的作用，由于无版数字化转移印花产品的原稿为图文数字信息，而数字化印花图像的获取方法灵活多样，可采用彩色扫描仪、数字照相机、电视、摄像机来捕获需要的图像。若将获得的图像通过数字化软件与计算机相连，数字化的作用是将摄像机的模拟信号转换成数字信号，计算机接收数据后，以一定的文件格式存储，供用户进一步处理，进行无版数字化转移印花；此技术更适合于采用下载图像进行印花，数字转移印花非常适于生产市场变化快、批量小、周期短的印花产品的发展趋势，而且转移印花设备简单，投资小，也符合生产小批量、多品种的印花产品。但数码印花的速度、精细度、颜色的重演性和成本等问题有待进一步研究改进。

第七章
金属箔转移印花及植绒转移印花

上章介绍的转移印花是将中间载体(转移印花纸）上的染料色浆直接转移到织物的印花部位，还有一种转移印花方式是通过热熔介质把一种特殊的固体物质从中间载体上转移到织物的印花部位，获得独特的印花效果。特殊的固体物质可以是金属箔、固体彩色绒毛或特殊的回归反射固体材料。根据转移到织物上固体材料种类的不同，这类转移印花包括金属箔转移印花、植绒转移印花和回归反射印花，这些印花虽与上章介绍的转移印花名称相似，但由于其在织物上所转移的材料性质不同，转移工艺条件和设备有所不同，因此金属箔转移印花及植绒转移印花不同于上章介绍的一般转移印花，本章专门介绍这两类转移印花。

第一节 金属箔转移印花

一、金属箔转移印花的特点

金属箔转移印花是在一定的温度和压力作用下，使原来覆盖在聚酯等薄膜上的金属箔转移到织物的印花部位。金属箔印花产品表面能够发出闪闪的金属光泽，起到相映生辉的效果，进而提高了产品的档次，图 7-1 为一种仿银金属箔转移印花产品，图7-2为一种仿金金属箔转移印花产品。为了增强金属箔的金属光泽效果，通常金属箔转移印花可直接在深地色织物上进行，或将金属箔镶嵌在浅色花纹的周围，同时考虑到金属箔本身质地较硬，以印制小面积的点、线等花纹为宜。

金属箔转移印花具有工艺和设备简单，投资和占地面积少，品种更换方便，不产生污水等优良特性。因此金属箔转移印花产品有广泛的应用前景，可应用于制作服装、围巾、帽子、靴子等。

图 7-1 仿银金属箔转移印花产品

图 7-2 仿金金属箔转移印花产品

二、金属箔转移印花工艺技术

金属箔转移印花应用的材料有金属箔薄膜和转移用胶黏剂。金属箔薄膜一般选用聚酯薄膜。在高温和负压条件下，将铝“蒸发”成气体，均匀地扩散和分布在聚酯薄膜上，制成金属箔薄膜。然后再通过转移印花方法将聚酯薄膜上的金属箔转移到织物上，制成仿金、仿银的各色印花品种。转移印花用的胶黏剂属于一种热熔性的物质，一般为热塑性树脂的乳液，如聚酰胺、聚酯、聚乙烯、乙烯及醋酸乙烯共聚物等。国外专用商品有日本明成化学工业社的 MeibinderK-10 等。

金属箔转移印花的生产实例列举如下。

织物：深黑色聚酯长丝乔其纱。

工艺流程：在织物上印含胶黏剂的色浆（印制在转移金属箔部位）及印分散染料色浆（其与金属箔花纹相配套）→高温高压蒸汽（130℃，30 min，分散染料固色）→水洗→还原清洗→水洗→烘干→金属箔转移印花（140℃，30s），通过此工艺金属箔转移到了织物上。由于金属箔转移印花需经过高温处理将聚酯薄膜上的金属箔转移到织物上，因此金属箔转移印花织物必须具有一定的耐高温性能。

金属箔转移印花的实施可以采用平板式或辊筒式转移印花机，压辊的压力要求达到 36.75Pa（3.75kgf/m^2）。印制后织物应具有耐干洗性能。根据国外制定的干洗标准，如不用钢珠摩擦，可耐松节油洗涤，干洗后光泽不减退，但不能用全氯乙烯洗涤，否则金属箔易从织物上脱离下来。

与金属箔转移印花相似，回归反射转移印花产品也能使印花部位表面光泽度提高，尤其在夜晚灯光照射下，织物表面能产生强烈的发射光芒。回归反射转移印花产品是通过转移印花方法将特殊的回归反射固体材料从一种载体上转移到织物上而生产出来的。回归反射转移印花是将特殊的回归反射材料及转移印花技术相结合的产物。

第二节 植绒印花

一、植绒印花工艺方法及印花工艺流程

植绒印花是利用转移印花技术，将彩色或白色绒毛移植到织物表面，在织物上获得立体绒绣感花纹效果的一种印花方法。植绒转移印花使用的纤维短绒毛主要有黏胶纤维或锦纶，长度大约 0.2～1.6mm。将纤维短绒黏附到织物表面的方法有静电植绒和机械植绒两种，而且绒毛可以通过转移植绒或直接植绒方法被植到织物的表面。在机械植绒中，当织物以平幅状态通过植绒区时，纤维短绒被筛到织物上，并被随机植入到织物上预先印有胶黏剂的印花部位。在静电植绒时，纤维短绒预先经过适当预处理并施加静电，再通过静电植绒机将特定颜色的带电绒毛植在涂有压敏胶的纸上或直接将绒毛植在涂有转移印花胶黏剂的织物上，前者属于静电转移植绒印花，后者为直接植绒印花。若为静电转移植绒印花，最后还

需将纸上的绒毛转移到织物上，而采用直接植绒法印花则无需此步。与机械植绒相比，静电植绒的速度较慢，成本更高，但可产生更均匀、更密实的植绒产品。图 7-3、图 7-4、彩图 6 为 3 种植绒印花产品。

图 7-3 植绒印花产品之一

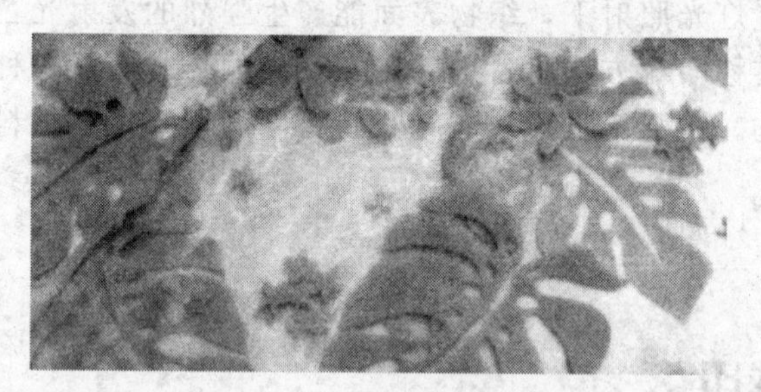

图 7-4 植绒印花产品之二

静电植绒转移印花工艺流程为：在静电植绒机上，利用静电作用力，将短纤维绒毛按照特定的图案或整幅植到预先涂有热敏胶的纸上，然后在绒毛上印转移印花色浆（由热熔胶和丙烯酸酯胶黏剂调制而成），低温烘干后，再将植有绒毛的纸与织物正面贴合，进行压烫，热熔胶熔融，纸上的绒毛转移到织物表面，产生立体感绒毛花纹。

直接静电植绒印花工艺过程为：先将高强度的树脂胶黏剂（不含染料或涂料）印制在织物表面，在织物上形成含有胶黏剂的花纹图案，再将经电着处理的纤维短绒毛通过数十万伏的高压静电场，在静电引力的作用下，绒毛会垂直均匀地飞速“撞”到含有胶黏剂的织物表面上，纤维短绒就固定在织物上印有胶黏剂的印花部位，在织物表面即植上有花纹图案效果的短绒毛，再经高温固化成型，获得立体绒面花纹效果。获得立体植绒印花产品的方法有多种，除了将短绒毛以花纹图案的形式植在织物的表面外，也可将绒毛整体植绒在织物表面，然后再进行印花（印花色浆由原糊、胶黏剂及着色剂组成），印花处绒毛倒伏，形成另一种效果的立体静电植绒印花织物。此外，织物也可以先进行普通印花，然后再进行植绒印花，获得另一种绒绣风格的立体花纹效果。为了进一步提高产品档次，植绒后的织物还可进行轧花、磨毛或压烫等后整理，织物的外观得到进一步改善，开发出不同风格特点的各类植绒立体印花产品，如获得轧花植绒产品、仿麂皮绒产品等。植绒印花纺织品花纹立体感强，手感丰满柔软，可用作沙发、窗帘等装饰品，也可用于做服装面料等。植绒产品的质量除了与植绒工艺选择有关外，还与短绒毛性能及其处理工艺有很大关系。

二、绒毛处理工艺

在静电植绒工艺中，绒毛是静电植绒产品的关键材料，纤维短绒毛对植绒印花产品质量有重要影响，下面介绍绒毛处理工艺及其选择要求。

1. 短纤维绒毛的处理工艺

理论上用于静电植绒的短纤维可以是目前生产中应用的所有纤维，但实际生产中静电植绒的短纤维绒毛以黏胶和锦纶这两种纤维应用的最为普遍。大多数情况下，短绒纤维在移植到织物上之前需经过前处理，包括纤维长丝由丝束经过切割或粉碎等一系列处理工艺过程。一般工序包括：精练→漂白→染色→水洗→烘干→丝束切割或磨碎→电着处理（使其带电）→烘干→调湿→筛选。植绒可使用彩色绒毛，也可使用白色绒毛。若使用白色绒毛，则不需要染色。丝束切割除了染色后切割，也可先切割后染色。

2. 绒毛品种的选择

实际应用中常用的绒毛主要有锦纶绒毛和黏胶绒毛，此外，也有使用腈纶绒毛。黏胶绒毛的优点：加工容易，切断性好、电着处理方便，吸湿性和染色性好，染色牢度较好，耐热性和耐晒性也较好，手感柔软，色泽鲜艳，价格较低，但存在耐磨性较差的缺点，黏胶绒毛植绒产品主要用于制作衣料、窗帘、鞋帽等；锦纶绒毛的特点：易加工，电着处理容易，耐磨性佳，吸湿性、染色性及染色牢度较好，但手感、耐晒性稍差，且价格较高，锦纶绒毛植绒产品主要用于制作地毯、壁纸、建材、装饰、工艺品等；腈纶绒毛的特点：手感、耐磨性、耐晒性、色泽等都比较好，价格适中，因此也可使用。虽然聚酯纤维具有强度高、耐磨性好，产量高，价格低等有了优良特性，但其吸湿性差、比电阻高、电着处理难度大的缺点，从而阻碍了其作为静电植绒绒毛在工业化中的应用。基于此，聚酯纤维通常不作为植绒产品的绒毛，目前还主要限于实验室研究阶段。

3. 绒毛的要求

静电植绒产品的档次和质量，很大程度上取决于绒毛的质量，衡量绒毛质量的指标主要包括长度、细度及整齐度、含水率及电学性能等。静电植绒用绒毛的要求主要包含以下几方面：绒毛切割整齐度好、长度和细度均匀、伸直度好、含水量适合、飞升性及分散性好、具有良好的导电性能、染色性能和色牢度等。

绒毛切割整齐度要求：绒毛切割整齐度是考查绒毛质量好坏的一个重要指标，整齐度是指绒毛长度、细度和弯曲程度的均匀度，通常整齐度越好，绒毛的质量越好。实际操作中，注意防止绒毛成团，保证绒毛长度均匀性。

绒毛长度和细度要求：常用的绒毛长度为0.2～10mm，细度范围为0.55～110dtex。还应考虑绒毛的长度和细度之间的比例，其对植绒产品质量有很大影响。绒毛越细，植成的绒面越柔软，织物手感越好，适合于生产服装产品；但绒毛太细长，绒毛自身容易产生缠绕，植绒操作比较困难，绒毛难以较深地植入胶黏剂层中。绒毛粗短，回弹性好，但植绒表面比较粗糙，手感较硬，适合于生产装饰类、地毯类产品。如果绒毛的长径比过大，绒毛就会出现轻微的弯曲或卷曲，从而降低绒毛植绒的效率。

绒毛含水率要求：绒毛含水率的大小会影响绒毛在静电场中的运动性能，进而影响植绒产品的质量，纤维种类及电着处理方法会影响绒毛经电着处理后的含水率，一般应根据毛绒的特点选择合适的含水率范围，通常含水率控制在8%左右较适合。绒毛电着处理后，还需进行调湿工序处理，使绒毛达到合适的含水率。

绒毛的分散性要求；绒毛的分散性是表征绒毛之间离散状态的指标之一。绒毛的分散性差，将影响植绒织物的质量，导致植绒产品绒毛分布不匀，牢度降低，产生绒面疵点。绒毛分散性为经一定条件的筛分后，剩余绒毛残渣的质量占投入绒毛质量的百分比，单位为%。绒毛的分散性测试方法为：从试样中随机均匀取出20g绒毛，按国标进行调温调湿，使试样达到吸湿平衡，放入筛分圆筒中，筛分60s后，取出圆筒中剩余绒毛，准确称其质量，按式（7-1）计算分散性，测三次，取平均值，数值小说明绒毛的分散性好。

$$残渣百分率=\frac{y}{20.0}\times100\% \tag{7-1}$$

式中，y为剩余绒毛的重量。绒毛的分散性与长度和细度密切相关。优良品质的绒毛残渣的重量百分比（分散性）应小于5%。一般品的残渣的重量百分比应小于15%。合格品的残渣的重量百分比应小于60%。

绒毛的飞升性要求：飞升性是表征绒毛在静电场中受力后飞升植入基布性能好坏的指标，主要影响织物的植绒牢度。绒毛飞升性是指2g绒毛在高压极与接地极的高压电场中，飞升全过程所用的时间。一般绒毛的飞升性需控制在30s/2g的范围之内。测试方法为：从试样中随机均匀抽取100g绒毛，进行调温调湿，使试样达到吸湿平衡，并随机取3份绒毛，每份绒毛质量为2.0g，作飞升性测试。

绒毛的导电性能要求：绒毛导电性能的大小对植绒产品的质量影响很大，因此绒毛的导电性能也是植绒产品必须考虑的一个重要指标。绒毛导电性能主要影响绒毛的飞升性和分散性，通常用表面比电阻来衡量导电性能。绒毛的比电阻值应该控制在一定的范围内，比电阻过大，导电性能差，绒毛的飞升性就差，影响植绒牢度；而比电阻太小，则容易造成短路，而损坏产品。因此要求绒毛具有一定的导电性能，绒毛要进行电着处理，使其达到最佳的比电阻值，确保绒毛在静电场中有良好的飞升性和分散性。

绒毛种类和含水率均会影响植绒效果，表 7-1 锦纶绒毛和黏胶纤维绒毛的植绒性能。由表 7-1 看出，不同种类的绒毛，含水率不同，比电阻不同，导电性能不同，从而影响绒毛的飞升性能和分散性能，最终将影响植绒产品的质量。

表 7-1　不同含水率下不同种类绒毛的性能

考核项目	锦纶绒毛	黏胶纤维绒毛
含水率/%	3～10	12～25
比电阻/Ω·cm^2	10^7～10^9	10^6～10^8
飞升性/s	15～25	15～20
分散性/%	≤5	≤5

此外，根据绒毛的原料组成，选择适宜的染料，对绒毛进行染色，确保染色绒毛的均匀性和色牢度达到要求。

4. 绒毛的电着处理

(1) 绒毛在静电场中的充电方式　通常条件下绒毛是绝缘体，其内部没有自由移动的电荷。分子中正电荷和负电荷的中心重合。在外界电场的作用下，分子中正负电荷中心将发生微小的相对位移，从而形成电偶极子，每个分子的电偶极子将作有序地排列，沿电场方向电解质的前后两端将分别出现不能离开电解质表面的正、负电荷。绒毛的含水率将影响电偶极子定向排列，进而影响植绒产品的效果。

湿度较低的条件下，绒毛的定向过程：在电场力的作用下，与纤维（此时纤维经过金属网，带有负电荷）同极性的电离离子就流向纤维表面，由于纤维在干燥环境中具有很高的比电阻值，导电性差，所以负电荷不会流走，在绒毛表面不断沉积，绒毛在电场中的转动方向如图 7-5 所示。此时，纤维呈水平状，此为植绒工艺所不希望的状态。

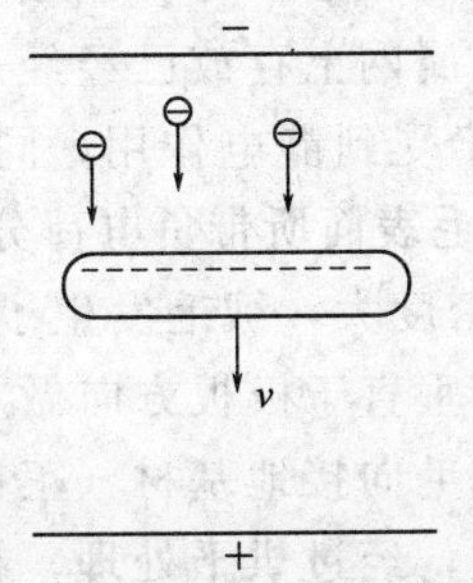

图 7-5　低湿度绒毛在电场中转动方向示意

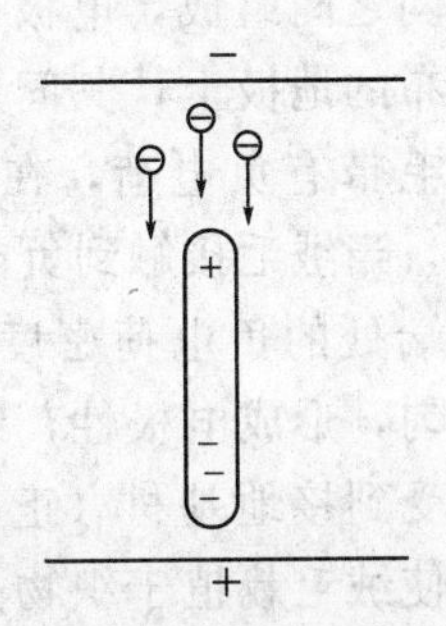

图 7-6　较高湿度绒毛在电场中转动方向示意

湿度较高的条件下，绒毛的定向过程：当纤维的含水量较高时，提高了纤维的电导率，增加了纤维上可以移动的电荷数量。在这种情况下，纤维所带负电荷能遵从同电性相斥、异电性相吸的原理，产生定向移动，分布到靠近基材的一端，纤维在电场中的转动方向如图 7-6 所示。结果是在外电场作用下，纤维处于竖直状态，加快了绒毛的运动速度，这是静电植绒所希望的状态。因此，绒毛电着处理时，需要含有一定的水分。

(2) 绒毛电着处理　利用一些化学试剂对绒毛进行化学处理，其目的是提高绒毛短纤维介电常数，降低摩擦系数，去掉黏性，增加刚性，确保绒毛在静电场中有良好的飞升性和分散性。

电着剂配方：硫酸铝钾 4%、柔软剂 M 8%、分散剂 B21 25%、硬挺剂 A21 12%。

电着处理工艺条件：处理温度为 50℃，时间为 30 min，浴比为 40∶1。

电着处理效果：效果见表 7-2。由表 7-2 看出，按以上工艺电着处理的绒毛有良好的植绒效果。

表 7-2　绒毛电着处理前后的性能变化

处理方式	飞升性 / (s/2g)	分散性/%	比电阻/$\Omega \cdot cm^2$	含水率/%	植绒密度 / (g/m^2)
未处理	不飞升	96.4	8.5×10^{11}	2.4	0
经电着处理	10.0	44.2	4.3×10^{6}	8.2	8.9

三、静电植绒印花原理

静电植绒工艺过程为：首先用不含染料或涂料，而含有胶黏剂的色浆在织物上印制花纹图案，然后把短纤维绒毛（大约 2.54～6.35mm）植到织物上印有胶黏剂的花纹图案部位，从而生产出具有绒绣般立体感花纹效果的产品。静电植绒是利用两个带电物体存在同电性相斥、异电性相吸的原理。静电植绒原理示意如图 7-7。高压静电发生器产生高压静电场。它是由直流高压电接在两块相互平行的金属板或金属网之间组成，电极一端接在有绒毛的金属网上，另一端接在涂有胶黏剂的植绒坯布的地极上，其间形成高压静电场。金属网上存放已经经过电着处理的绒毛，绒毛带有负电荷，在高压静电场中，由于受到静电作用，同电性相斥、异电性相吸，当绒毛接触到负电极的金属网后，绒毛表面所带负电荷分布不均匀，接近负高压端处的负电荷密度小，另一端负电荷密度大，绒毛发生了电性极化，电荷分布不匀，形成电极性，绒毛就在静电场内沿垂直于极板方向做上下不停地跳动，由于受到接地基材（正极端）的吸引力，绒毛向接地基材（正极端）方向加速运动，使绒毛栽植于织物上含有胶黏剂的部位，经过烘干处理，在胶黏剂的黏合作用下，绒毛就被牢固地固着在织物上，进而在织物表面获得绒毛竖立、紧密排列，而且绒面弹性丰满、有绒绣风格的立体花纹效果。而没有被植于织物上的绒毛，由于受电场的影响，仍会继续不断沿垂直于极板方向上下运动。因此，静电植绒就是利用高压静电场的作用，使经过一定电着处理的各类短纤维绒毛沿垂直于极板方向作定向移动，在静电场中垂直地“植入”印有胶黏剂的基材上，并使绒毛在基材上牢固固着。

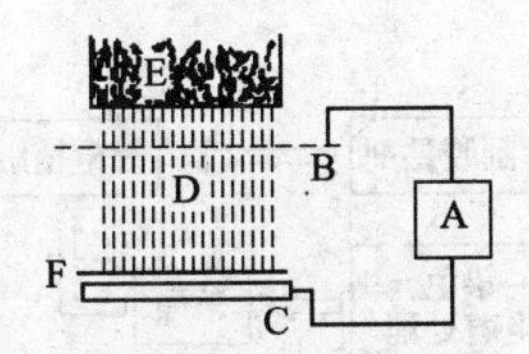

图 7-7 静电植绒原理示意

A—高压静电发生器；B—金属网高压电极（负电）；
C—接地电极（正极）；D—绒毛；E—金属网供毛装置；F—植绒底布

绒毛在静电场中的受力分析如下。

绒毛在电场中除受电场力的作用外，还有空气阻力和绒毛自身重量。因此绒毛所受力可用下式表示：

$$F = F_e + F_g + F_\eta$$

式中，F_e、F_g、F_η分别代表电场力、自身重力和空气阻力。

其中电场力 F_e按下式计算：

$$F_e = \frac{v}{d} \times q$$

式中，q 为绒毛的带电量，正常情况下应为常数；d 为电极间的距离；v 为电极间的电压。

由此看出，电场力的大小与绒毛的带电量、电极间的距离以及电极间的电压有关。对所给定的绒毛，q 为一定值，电场力的大小决定于电极间距 d 和电极间的电压 v。理论上电场力越大，绒毛植入深度越深，植绒牢度越好，但电极间电压 v 和电极间距 d 要有合适的配置。如当电压 v 一定时，电极间距 d 太小，电场中电流过大，就会出现火花放电现象，影响正常的植绒生产。所以应根据植绒产品种类不同，性能不同，选择合适的工艺参数，以确保静电植绒产品的质量。一般电压 v 控制在 30～70kV，电极间距 d 控制在 10～20cm。

静电植绒的原理虽然比较简单，但它要求把电学、化学、纤维、机械四方面的技术结合起来，才能加工出具有独特效果的植绒产品。静电植绒产品一般由绒毛、胶黏剂、基布组成，为了保证植绒产品的质量，植绒过程中必须掌握好技术关键问题，主要包括：短绒纤维达到所需要求，其需经过适当处理，并置于一定的高压静电场中；基布需通过合适预处理，最终保证绒毛能够牢固地垂直植绒在基材的表面，获得需要的表面风格特点。

四、静电植绒印花工艺及设备

图7-8为静电植绒印花产品生产工艺流程，植绒印花设备包括织物印花装置（涂胶）、高压静电产生装置、烘干、织物进布和出布装置，图7-9为静电植绒印花工艺中使用单元装置设备流程示意。

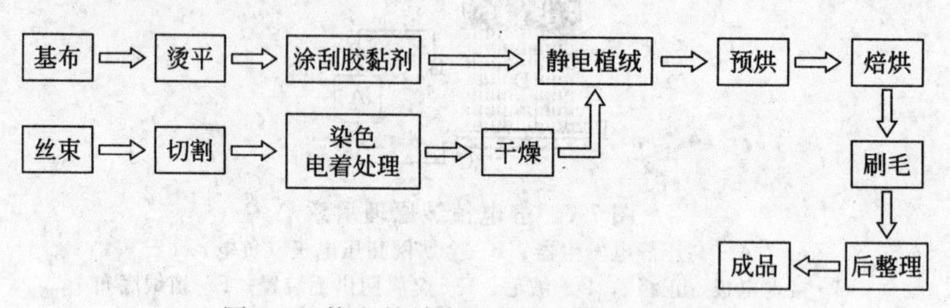

图7-8　静电植绒印花产品生产工艺流程

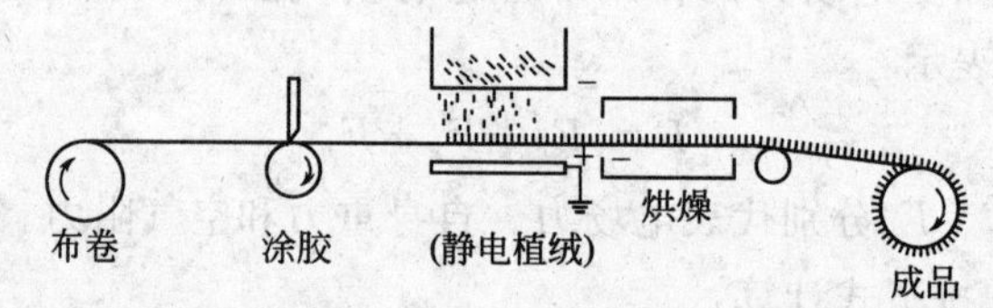

图7-9　静电植绒印花工艺过程的单元装置设备流程示意

静电植绒印花工艺流程中首先要在织物上刮涂胶黏剂或印制含有胶黏剂的色浆，因此仍然需要制作花网及调制色浆，下面介绍有关植绒的工艺技术问题。

1. 静电植绒工艺问题分析

（1）制作网版　先设计需要植绒的花纹图案（可以用电脑设计），然后输出底片，再进行制网。可选用100～180目数的丝网和水性感光胶制网版，然后进行曝光、显影。

（2）植绒所用胶黏剂基本要求及其种类　绒毛和基布材料的结合是通过胶黏剂来实现的，胶黏剂对植绒产品的内在质量起着关键性作用。

① 静电植绒所用胶黏剂的基本要求

a. 对各种纤维基材及绒毛有良好的润湿性及高的黏合力；

b. 胶黏剂浆液有较低的表面张力，绒毛易植入；

c. 胶黏剂浆液与其他树脂、染料及添加剂有良好的相容性；

d. 胶黏剂浆液干燥固化的体积收缩率小，浆膜柔软、韧性好；

e. 浆膜稳定性好，能耐高温、耐干洗、耐老化、耐水性等；

f. 胶黏剂本身应无毒、无味，符合环保要求；

g. 胶黏剂浆液黏度调节应适中。一般要求黏度在 10000～30000Pa·s。

② 静电植绒所用胶黏剂的种类　植绒交联胶黏剂分为：自交联和外交联两类。目前，这两种胶黏剂在植绒上均有应用。一般采用乳液型水性胶黏剂，即丙烯酸酯复合胶黏剂，它具有自增稠自交联的特点，有优良的黏着性、透明性，手感柔软，耐老化，在高温下能交联成网状结构，黏合层强度高，对绒毛有很强的粘接牢度。若再加入外交联剂，能与乳液交联，则植绒产品的牢度能够进一步提高。

③ 静电植绒胶黏剂浆液的印制　将调制好的胶黏剂浆液通过平网或圆网印花设备印制在基布（织物）上，印制中要注意控制胶黏剂浆液的黏度，黏度过高，绒毛难于较深地扎入基布中，以致绒毛黏结强度不够，造成绒毛容易脱落，而且容易造成上胶量不足；若黏度过低，虽然胶黏剂易渗透到基布内部，绒毛也易较深地扎入胶黏剂层内，耐磨性提高，但胶黏剂容易向外扩散，造成花纹图案模糊，轮廓不清，影响植绒产品的外观，同时影响产品手感，一般黏度应控制在 10000～30000 Pa·s 之间。此外，印制胶黏剂的量应适当，一般以胶黏剂涂层厚度来衡量。印制的胶黏剂涂层厚度随植绒产品的种类不同而有所不同，一般胶黏剂涂层厚度为绒毛长度的 1/3。仿鹿皮绒制品的涂层厚度为 0.2～0.25mm，涂胶黏剂浆液量为 250g/m²。若印制胶黏剂量不足，绒毛的黏合强度达不到要求，植绒牢度差；但印制胶黏剂量太多，织物手感硬度增加，烘干时间需要延长，而且易起泡，一般印制胶黏剂浆膜厚度控制在 0.2～0.4mm 范围为宜。

(3) 植绒　植绒在静电植绒机上进行，植绒的给毛量是影响植绒质量的一个因素。给毛量不足则植绒密度不够；给毛量过多，大部分绒毛被胶黏剂粘在基布上，而未被胶黏剂粘着的剩余绒毛在电场的作用下会继续不断上下运动，影响室内清洁、植绒均匀性及其牢度。植绒方式主要有上升式、下降式、侧植式和拼植式 4 种。上升式是绒毛由下向上植绒，多余毛绒自然落下，被植表面浮绒很少。下降式是绒毛由上而下，能连续生产。侧植式适用于片块状织物的植绒。拼植式适用于线状产品植绒。

(4) 预烘与焙烘　预烘的目的主要是去除胶黏剂中的有机溶剂和水分，其温度应控制在 80℃左右。焙烘的目的是提高植绒牢度，使胶黏剂与绒毛及基布牢固结合。焙烘温度由底布和胶黏剂的性能以及胶黏剂涂覆量而定，一般应控制在 150℃左右。织物经过预烘与焙烘时，要经过多道热烘箱，烘箱温度需逐步升高。由车速调节合适的烘干时间和焙烘时间，焙烘温度选择一定要适当，若焙烘温度低，胶黏剂固化不良，达不到固着牢度，会使产品耐磨强度下降；焙烘温度高，致使胶黏剂中的催化剂析出酸性物质而使基布损伤。焙烘后植绒织物还需经过清洗及刷绒，将织物上未植入的绒毛刷去，同时使绒毛刷顺，确保产品的手感和外观达到要求。

(5) 基布（基材）　基布是静电植绒产品的基底材料，其对植绒产品性能、质量有很大影响，基布也必须达到一定的要求，包括：

① 导电性、均匀性、多孔性、与胶黏剂有很好的黏结作用等；

② 表面平整无疵点，经纬密度合适，不能太疏松；

③ 伸缩性小，尺寸稳定性好，以防止绒面起皱；

④ 耐高温，焙烘时不变色；

⑤ 色牢度好等。

静电植绒基材选择非常广泛，目前大多数采用纺织品基布，此外还可以选择塑料、皮革、纸张以及木材等基材。

基布是影响静电植绒产品手感的关键因素，纺织品基布在进行植绒前还要进行前处理，以达到其基本要求，如一般需要经过：烧毛、退浆、预缩、压烫平整整理等。

对于缩水率较大的棉织物，如牛仔布等，如果不进行前处理，在生产条格植绒布，尤其是细条绒布时，可能会由于缩水而引起条绒不直，影响绒面的外观效果。综上所述，绒毛、胶黏剂、植绒基布三要素对植绒产品的质量有很大影响，只有绒毛、胶黏剂、植绒基布都能够完全满足植绒产品的要求，才能达到最好的植绒效果。

2. 静电植绒设备

静电植绒设备主要有固定式平面静电植绒机、小型静电植绒机和手提式静电植绒机等多种。

固定式平面静电植绒机：其设备相对庞大、固定，因此适宜进行大批量、单一品种的全面积植绒，用该类植绒机械可生产类似平面绒、条绒、仿鹿皮绒等各种色泽的产品。图 7-10 为一种平面式静电植绒机的结构。平面植绒一般用下降法较多。

手提式静电植绒机：手提式静电植绒机具有灵活、小巧等优点，可对基材上

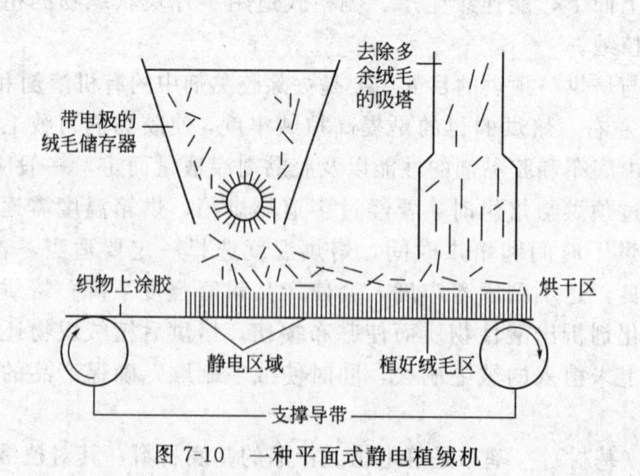

图 7-10 一种平面式静电植绒机

比较分散、面积相对较小的图案进行丝网版漏胶植绒和立体植绒，并可根据植绒图案的位置随意移动，不受植绒面积的限制。使静电植绒技术不仅应用于平面产品，而且在室内外的装潢、包装、工艺美术等多种行业中均可以应用。

五、静电植绒印花的关键技术问题

1. 牢度问题及洗涤问题

植绒织物耐干洗和/或耐水洗的能力主要取决于胶黏剂的性质。有许多高质量的胶黏剂被应用于织物加工工序中，它们具有优异的耐水洗牢度、耐干洗牢度，或者既耐水洗，又耐干洗。然而不是所有的胶黏剂都耐任何方式的清洗，选择的胶黏剂必须适合产品的最终用途，特定的植绒织物必须选择适合的清洗方法。

2. 植绒织物透汽（气）性差的问题

整体植绒织物由于吸附短绒的胶黏剂薄膜布满在整个织物表面，极大地降低了织物的透汽（气）性能。因此透汽（气）性差是植绒织物存在的一个主要问题，这类产品用作服装面料存在穿着舒适性差的缺点。为了解决此问题，胶黏剂的选择很重要，胶黏剂粘着力强，但不必布满整个织物表面。判别织物透汽（气）性好坏的一种简单方法是：拿一块足够大的织物紧紧地贴在你的嘴前，向它呼气。如果透汽（气）性好，你只要稍用力，就能把气吹过织物。

3. 植绒织物落绒的问题

落绒是静电植绒印花产品常见的问题之一，导致该问题的原因较多，一般主要有以下几方面。

(1) 绒毛电着处理不当　因为绒毛电着处理配方及染色用染料会影响绒毛的电导率、飞升性、分散性等特性，从而影响植绒效果。通常不同厂家的不同种类绒毛，性能不同，甚至同一厂家不同颜色的绒毛，性能亦有很大差异。在绒毛电着处理时，没有根据绒毛性能选择适当的电着配方和处理条件，导致绒毛性能差、植绒牢度低，导致植绒产品产生落绒现象。

(2) 绒毛回潮率不合适　绒毛回潮率一般认为控制在8%左右较为理想，低于8%绒毛飞升性差，难以二次起跳，回收利用困难，造成基材上剩余大片浮绒；高于8%绒毛在电场中运动速度过快，植绒不规则，不均匀，绒毛植入胶黏剂浆膜不深，经预烘、焙烘后，绒毛与基布结合不牢，导致产生严重落绒。

(3) 胶黏剂对落绒的影响　胶黏剂黏度不够，黏结牢度差，胶黏剂用量不够、涂层厚度太薄，一般要求胶黏剂浆膜层厚度控制在0.2 mm左右（考虑手感问题）；对于大面积植绒的装饰用品，不考虑产品手感，浆膜层厚度可达0.3 mm以上。胶黏剂的拉伸性不好，半成品在高温焙烘时，胶黏剂和交联剂在高温下发生化学交联固化成膜，在高温拉幅定型时，基布受机械拉力作用产生一定变形，导致粘在基布上的胶黏剂膜发生断裂，断裂处的绒毛经刷毛后会脱离基布，导致发生落绒现象。

（4）烘干与焙烘温度控制不当　植绒后的烘干、焙烘温度过低，时间太短，胶黏剂、交联剂与基布和绒毛交联不彻底，会在水洗时产生落绒。

根据上述落绒原因分析可知，防止落绒的措施有以下几个方面：电着剂处理配方要合理，电着处理条件适宜；控制绒毛合适的回潮率；尽量减少绒毛和基材的表面比电阻，在刷毛除尘时，基布表面采用蒸汽加湿；并用除尘器吸除余绒；胶黏剂选择好，刮涂在织物上的胶黏剂厚度和量适宜；绒毛植入到基布上后，还应进行适当烘干和焙烘后处理，保证绒毛与基布能够牢固地结合。

六、植绒印花品种的用途

静电植绒工艺简单、成本低，植绒印花比普通印花、绣花更具特色，由于植绒产品表面覆盖了一层绒毛，该产品具有很强的立体感，而且具有色泽鲜艳，手感丰满，不脱绒，耐摩擦等特点，同时植绒基材没有形状、大小的限制，可在不同结构的基材上进行植绒印花，所以植绒印花的应用很广泛。植绒产品原料丰富，可以在棉、麻、丝、皮革、尼龙布、各种 PVC、牛仔布、橡胶、海绵、金属、泡沫、塑料、树脂无纺布等基材上进行植绒。植绒印花品种除了应用于服装面料之外，还可应用于沙发面料、包装盒、鞋面料、仿长毛绒织物、船甲板上、游泳场所的防滑垫材料、手提包、皮带、床单、家具布、汽车座椅、装饰装潢、玩具、工业电器的保护件等。除此之外，静电植绒在许多装饰工艺品上有很好的发展前途。例如，将光纤与静电植绒印花相结合制作盆景、花卉、壁灯、吊灯、立体动感壁画等工艺制品，不仅省工、省时，节约材料达 50%以上，而且生产出的光纤植绒花坛工艺品，五颜六色、鲜艳夺目。另外，还可将光纤植绒工艺与光、声（山水瀑布、鸟鸣、汽笛、海涛、马蹄嘶叫等电子音响）相结合，制作出光导纤维、奇花异草、工艺灯具、广告标牌、立体动感壁画等工艺装潢品，融造型艺术、色彩、电子音乐、声控为一体，令人耳目一新，有着极好的装饰效果，该类产品是宾馆、舞厅、酒吧间、展厅、会议室及家庭装饰的极佳工艺品；若做成具有立体动感壁画效果的光纤广告招牌，则是宣传企业形象、推销企业产品，提高企业知名度的最佳宣传媒介，其市场前景非常广阔。随着高压静电加工方法的工业化和高分子化学的发展，植绒加工用的树脂胶黏剂材料得到进一步改进，基材从纺织品开始向墙壁、纸张、塑料、木材、橡胶等方面发展，其用途还在不断拓展，因此静电植绒产品的应用前景非常广阔。

第八章

发泡印花和起绒印花

立体印花也称3D印花，是使印花产品表面获得凹凸不平、强烈立体感的一种特种印花方式。立体印花产品增强了印花效果的层次感和美感，进一步提升了印花产品的档次。获得立体印花效果的方式很多，其中起绒印花和发泡印花是获得立体印花效果的重要印花方法。本章主要介绍发泡印花和起绒印花。

一、发泡印花与起绒印花的异同点

发泡印花和起绒印花都可以产生立体印花的效果，但它们是两种不同的立体印花方式，主要区别在于印花色浆组成不同，后者含有低沸点的微胶囊制剂，而前者含有发泡剂；两者的发泡技术不同，起绒印花色浆中的低沸点的微胶囊制剂，在印后热处理时，微胶囊内部的低沸点溶剂迅速气化，就像吹肥皂泡那样，使微胶囊的体积膨胀，而增大了的微胶囊相互挤压在一起，于是形成宛如绒绣球状的重叠分布，这种发泡方法属于物理性发泡；而发泡印花是采用发泡剂与树脂乳液混合，印花后，在高温处理时，发泡剂分解产生大量气体，将树脂层膨胀，产生立体花纹效果，这种发泡方法属于化学方法发泡；由于这两种立体印花发泡色浆中的发泡剂不同和支撑立体花纹的基材不同，故形成的花纹图案表面结构不同。在显微镜观察下，起绒印花产品表面堆砌着无数微小的肥皂泡般的小球，小球相互挤压，获得别致的绒绣状印花效果；而发泡印花则呈蜂糕状，具有生动的浮雕效果。图8-1为起绒印花与发泡印花产品表面的横截面结构示意。表8-1总结出了起绒印花和发泡印花的色浆组成、发泡过程、发泡特点及立体花纹形状效果。

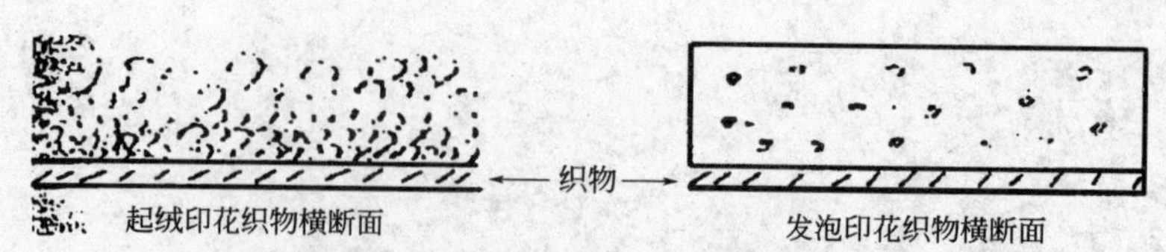

图 8-1　起绒印花与发泡印花产品表面的横截面结构示意

表 8-1　起绒印花和发泡印花的色浆组成、发泡过程、发泡特点的总结对比

<table>
<tr><td>项目</td><td colspan="2">物理发泡浆</td><td colspan="4">化学发泡浆</td></tr>
<tr><td rowspan="3">色浆组成</td><td rowspan="2">微胶囊发泡剂</td><td>囊芯有易挥发的溶剂</td><td rowspan="2">发泡剂</td><td rowspan="2">主要为化学发泡剂，能分解出气体的物质，如：偶氮二甲酰胺</td><td rowspan="2">聚氨酯</td><td>含异氰酸酯端基</td></tr>
<tr><td>囊膜由偏氯乙烯与丙烯腈共聚而成</td><td>水</td></tr>
<tr><td colspan="2">丙烯酸系列胶黏剂</td><td colspan="2">聚合物树脂乳液添加剂</td><td colspan="2">溶剂增稠剂</td></tr>
<tr><td>发泡过程</td><td colspan="2">印花后织物遇热，囊芯气化，使胶囊体积增大，囊膜膨胀度可达 50 倍，属于物理发泡</td><td colspan="2">印花后织物遇热，发泡剂发生化学反应，释放出大量气体，将树脂层膨胀，属于化学发泡</td><td colspan="2">织物上聚氨酯遇到水，发生反应，放出氢气，气体量一般为 30mL/g</td></tr>
<tr><td>发泡温度/℃</td><td colspan="2">80～140</td><td colspan="2">100～200</td><td colspan="2">100～200</td></tr>
<tr><td>印花织物的表面形状</td><td colspan="2">微囊之间相互挤压在一起，印花织物的表面堆砌着无数微小的肥皂泡般的球形状，形成宛如绒绣球状的重叠分布的花纹</td><td colspan="4">印花织物表面呈蜂糕状，具有生动的浮雕效果</td></tr>
<tr><td>优缺点</td><td colspan="2">无气味放出、安全无毒</td><td colspan="2">发泡效果好，有一定耐洗性，织物手感、弹性好，加热温度高（与发泡剂种类有关）。缺点是易沾污和发黏</td><td colspan="2">印花织物手感好，但需考虑溶剂回收问题</td></tr>
</table>

二、起绒印花和发泡印花原理

1. 起绒印花原理

起绒印花原理是利用微胶囊技术，通常起绒印花选择合适的易挥发性液体或固体作为微胶囊的芯材，囊膜选择一种由偏氯乙烯与丙烯腈共聚而成的聚合物。微胶囊囊芯中的低沸点液体及可溶性固体助剂通常使用常压下沸点低于 110℃的脂肪烃和卤代脂肪烃，考虑环境保护的要求，一般不使用氟代烃类物质，因其对大气臭氧层有破坏作用。低沸点液体物质现在常用的是低沸点的石油醚类物质，其受热气化，使微胶囊膨胀，仅发生物理状态的变化，属于物理发泡。起绒印花时，将这种微胶囊与胶黏剂（又称黏合剂）等助剂一起调制成起绒印花色浆（通常用丙烯酸酯类胶黏剂)，印制在织物上，再经热处理，一般加热温度为80～140℃。微胶囊遇热，其中的囊芯物质气化，使微胶囊体积显著增大，原来微胶囊的直径为10～17μm，密度为1.0～1.3g/cm³，加热膨胀后，直径由约10μm变为40μm，比重也显著下降，可降至0.03g/cm³，有的微胶囊囊膜膨胀度可达50倍。同时各个微胶囊气泡之间一个挨一个相互挤压，产生无规律的重叠分布。通过光学显微镜可以观察到起绒印花织物表面布满了微细小球状气泡囊，侧面则呈细密分布的肥皂泡状结构，即观察到起绒印花织物表面具有绒绣球状的印花效果。图8-2为一种起绒印花产品。

图8-2 起绒印花产品

2. 发泡印花原理

发泡印花属于一种立体印花方法，它是在胶浆印花的基础上发展起来，其原理是在印花色浆中加入一种或几种具有一定比例的高膨胀系数的化学物质，该物质受热后能发生化学反应，分解释放出一种或几种气体，所以通常称其为发泡剂，如带有羧基的醇酸树脂及含有异氰酸酯端基的聚氨酯树脂与水起反应时，会放出CO_2、H_2等气体。由于发泡过程中发生了化学反应，因此发泡印花属于化学性发泡，化学发泡剂包括无机或有机的热敏性化合物。发泡剂选择应满足一定的条件：使用方便，易于发泡，而且具有合适的发泡分解温度及分解速率，发泡量大，本身无毒、释放出的气体无毒等。发泡印花是将含有高分子聚合物树脂乳胶和发泡剂等组成化学发泡浆印制在织物上，然后经合适温度的烘干或焙烘热处理一定时间，化学发泡剂就会发生化学反应，分解产生大量气体，将胶乳构成的树脂层膨胀，就像发面包和馒头似的抬高花型，进而产生"蛋糕"式，浮雕效果的立体花纹图案，这就是发泡印花的原理。

三、起绒印花和发泡印花工艺

1. 起绒印花工艺

起绒印花色浆处方（g）：

微胶囊制剂	40～60
胶黏剂	10～25
交联剂	0～5
尿素	5～10
涂料	0～10

增稠剂及水　　　适量

合成　　　　　　100

起绒印花色浆由微胶囊制剂、胶黏剂、交联剂、尿素、涂料、增稠剂或水组成。微胶囊粒径约为5～30μm，囊壁由偏氯乙烯与丙烯腈（约2∶1）共聚体组成，囊芯为低沸点的有机溶剂，如石油醚等。微胶囊分散在聚甲基丙烯酸等乳化体中。起绒印花对微胶囊囊膜的强度要求高，要求其不易破裂，属于封闭型微胶囊。

微胶囊囊芯内的溶剂在高温时迅速汽化，就像吹肥皂泡那样，使微胶囊的体积剧烈膨胀，而增大了的微胶囊相互挤压在一起，于是在印花织物表面形成宛如起绒般的重叠分布。起绒印花用的胶黏剂一般为：以聚丙烯酸丁酯为主的乳液，或丙烯酸酯与丙烯酸丁酯共聚体，或甲基丙烯酸甲酯、丙烯酸甲酯和丙烯酰胺共聚体的乳液。为了提高立体印花图案的刚性，可使用丙烯酸乙酯与苯乙烯共聚体乳液。必要时，还可加入交联剂，以提高印花产品的色牢度。

色浆中可加入涂料，但涂料用量不宜过多；否则微胶囊膨胀后，堆集于微胶囊之间的涂料会影响起绒效果。涂料可以使用普通涂料，也可以使用具有特殊效果的涂料，如荧光涂料、变色涂料、闪光涂料、珠光片、金、银粉等。使印制的立体花纹具有动态变色的效果，或具有珠光宝气、金银首饰珍贵高雅艺术之感，使印花产品档次进一步提高。为了防止发泡浆料结膜或防止在印花时色浆堵网，起绒印花色浆中还需加入适量润湿剂，通常为甘油或尿素，用量大约在2%～4%。此外，在手感、牢度达到要求的情况下，为获得轮廓清晰的花纹图案，发泡印花色浆中还可以加入适量稀释剂、增稠剂，以使印花色浆达到合适的黏度，一般稀释剂、增稠剂使用平平加O的水溶液、A邦浆等，并使调制的印花色浆有良好触变性。色浆中还可以根据需要加入适量消泡剂，消泡剂的作用是使发泡浆在混合或搅拌中快速去除气泡，一般使用有机硅改性消泡剂，其用量一般控制在0.05%～0.2%之间。印花色浆各组成及其用量选择很重要，各助剂之间应有很好的相容性，不能使发泡色浆出现沉淀、分相或出现豆渣状等不良现象，并保证稳定适宜的黏度，从而确保印花产品的质量。

起绒印花工艺流程与涂料印花流程相似，包括：织物上浆→印花→烘干→焙烘→成品。

起绒印花可在圆网或平网印花机上进行，筛网目数的选择应合适，平网印花机印花时，最适用于起绒印花花网的网目为（70～90目）27.6～35.4网孔数/cm之间。印花后，70℃左右烘干，100～140℃下用热风、热板、热辊或红外线等热源热处理30～60s，而其中以热风加热织物印花面的效果最好。为了避免妨碍微胶囊膨胀，在使用热板、热辊发泡热处理时，以织物背面接触热源为宜。

2. 发泡印花工艺

发泡印花与起绒印花、一般涂料印花所用工艺和设备相仿。发泡立体印花色浆组成包括：发泡剂、成膜剂、交联剂、增稠剂及着色剂等。表8-2为不同着色深度的发泡色浆的组成及其用量。发泡印花工艺流程为：织物上浆→印花→烘干→焙烘→成品。印花后，在高温焙烘热处理时，发泡剂发生热分解反应，产生大量气体，使成膜剂轻度膨胀成膜，而发泡剂释放出的气体被包埋在皮膜中，从而获得着色和发泡的立体印花效果。除了按上述印花工艺流程直接进行发泡浆印花外，还可以印制发泡浆、烘干后，再用弹性透明浆压印在发泡浆上，再吹干、高温焙烘发泡成型。

表 8-2 发泡色浆处方 单位：%（质量）

色深 色浆组成	深 色	中 色	浅 色
涂料	10	5	2
胶黏剂	30	25	20
交联剂	2	1.5	1.0
发泡剂	0.5	0.5	0.5
水	57.5	68	76.5

发泡温度选择很重要，依据发泡剂结构不同、性能不同选择合适的发泡温度。常用的发泡剂有偶氮二甲酰胺。它是淡黄色结晶粉体，不溶于水。其分解温度较高，分解产物中64%为固体，36%为气体，分解的气体均为无毒气体，包括氮气、一氧化碳和二氧化碳。加入适量尿素，可以降低分解温度。可使偶氮二甲酰胺的分解温度由200℃左右降至180℃甚至150℃左右，降低程度随尿素用量不同而不同。偶氮二异丁腈也是一种发泡剂，它不溶于水，为白色晶体，能在90～115℃较低温度下分解释放出气体，但其分解产物中含有毒性的四甲基丁二腈，使其应用受到限制。从环保的角度出发，与偶氮二异丁腈相比，偶氮二甲酰胺是更好的发泡剂。以偶氮二甲酰胺为发泡剂的印花色浆一般由聚苯乙烯、甲基丙烯酸甲酯、丙烯酸丁酯和丙烯酰胺共聚体乳液、发泡剂偶氮二甲酰胺、尿素、表面活性剂、增稠剂或水及着色剂组成。

发泡印花是在色浆中加入发泡剂和热塑性树脂，经高温焙烘后，发泡剂分解释放出气体，使印浆膨胀而形成立体花型，并借助树脂将涂料固着，从而使织物获得具有浮雕感的各色立体花纹效果。

色浆中聚苯乙烯（或聚氯乙烯）是成膜体，但其对织物黏附力差，因此，要借助于丙烯酸酯类共聚物的协同作用，改善其黏附力。印花通常在冷台板上进行，以防堵网。同时筛网网目数选择应合适，根据花型大小，通常选用80～100目的锦纶筛网。印花后，80℃左右热风烘干。发泡焙烘热处理条件宜为180～185℃，100s左右。发泡印花色浆中加入的涂料可以选择普通涂料，也可以使用特殊涂料，如荧光涂料、变色涂料、闪光涂料、珠光片、金、银粉等。发泡印花织物的缺点是易沾污和发黏，适于小面积花纹织物。

起绒、发泡印花方法简单易行，可以在各种织物上印制出具有立体触感和逼真美感的花型，可与绣花、植绒印花产品媲美，起绒和发泡印花常印制在棉布、尼龙布等材料上，该类产品用途广泛，在服装面料、装饰面料、艺术品上均有应用。尤其在青少年、儿童服装上采用此法印制各种韵味独特的卡通等花型深受消费者欢迎。图 8-3 为两种发泡印花产品。彩图 7 为一种发泡印花 T 恤。

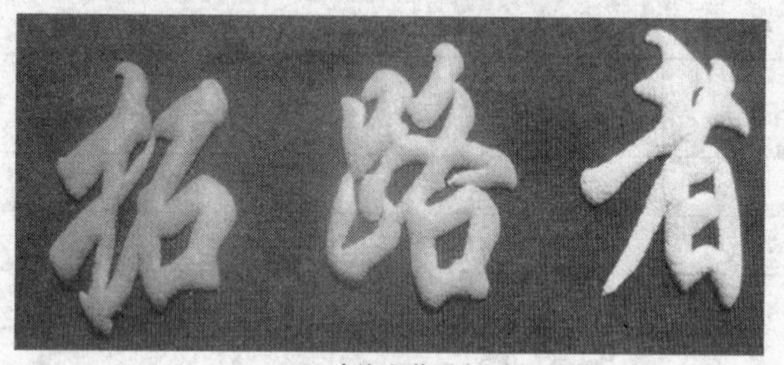

(a) 发泡印花图案

(b) 织物上的发泡印花图案

图 8-3 两种发泡印花产品

四、发泡印花和起绒印花技术关键要求与难点

1. 起绒印花所用微胶囊的特性

① 微胶囊体积较小：微胶囊直径约为 5～30μm。1g 微胶囊中可包含 15 亿个微胶囊。

② 微胶囊的结构比较稳定，属于封闭型微胶囊，典型的囊壁由偏氯乙烯、丙烯腈共聚体组成，在内压力的作用下，囊壁膨胀使体积增大发泡。膨胀后的微胶囊具有相对的稳定性，冷却后不回缩。

③ 发泡后的球体有优异的耐压性，优良的弹性，表面可承受 200kg/cm^2 至 300kg/cm^2 的压力，良好的回弹性，可以承受多次循环加压、卸压而不破裂。

④ 囊膜具有良好的热力学性能。

⑤ 优异的发泡性能。可具有达到原来体积 20～70 倍的独立发泡效果，发泡后仍是一个完整的密闭体，具有传统化学发泡剂无法比拟的发泡效果。

⑥ 环保性能：聚合物微胶囊无毒无污染。

2. 起绒印花胶黏剂选择

起绒印花所用胶黏剂对产品质量有很大影响，其应具备以下条件：对微胶囊和织物基材有良好的黏合性能，保证发泡后立体花纹具有较好的色牢度；当发泡微胶囊受热膨胀时能同步产生塑性变形，使物理发泡微胶囊的膨胀不受限制，可获得高的发泡倍率和较好的强度；有较大的伸长率，又有较高的断裂拉伸强度；具有适中的黏度，良好的机械稳定性能；对发泡微胶囊和各种助剂、涂料色浆有良好的相容性；成膜后具有较好的柔软性和手感，并且不易老化；同时还应具有耐水洗、耐油和日用化学品及较高的耐热性。一般使用以聚丙烯酸丁酯为主体的共聚体乳液为胶黏剂，也可采用丙烯酸乙酯与苯乙烯共聚体乳液，以提高印花产品的刚性，并可添加适量交联剂进一步提高产品色牢度。

3. 起绒、发泡印花工艺中需考虑的其他关键技术问题

涂料发泡印花可在任何印花设备中进行，如平网印花、圆网印花、滚筒印花设备均能实施发泡印花，但需注意印花筛网目数选择、印花色浆组成和用量选择以及印花操作步骤控制一定要合适。印制过程中要确保不堵塞花网的网眼，不出现溅色、无拖刀、无串色及不发生沾污衬布等现象。涂料发泡印花的关键是控制好发泡色浆的发泡比，一般印制毛巾、枕巾等厚型织物时，发泡比为1∶(4～5)，印制真丝绸、涤/棉等薄型混纺织物时，发泡比为1∶(6～7)，发泡浆调制好后应放置阴凉处，防止环境温度升高破坏发泡体系，并应防止表面结皮。发泡色浆配制好后不能加水稀释，否则会破坏泡沫稳定性，也不要接触酸、碱、酒精等物质，以免破坏发泡剂的稳定性。

起绒印花织物应避免高温下微胶囊破坏，失去绒感效果，因此该产品洗涤后最好不要熨烫。此外，这类织物存在容易沾污的缺点，可通过外加涂层剂来克服这个缺点。

第九章 烧拔印花和防烧拔印花

第一节 烧拔印花

一、烧拔印花及其特点

烧拔印花（burn-out printing）有多种名称，又称烂花印花，亦称腐蚀（etched-out）加工、炭化印花。烧拔（烂花）印花产品使用的织物通常是由两种纤维织成的混纺织物、交织物或包芯纱织物。依据不同种类纤维具有不同的化学性能，用一种化学助剂在适当条件下，使印花织物中的一种纤维被腐蚀去除，而另一种纤维不被破坏，而保留下来。印花后，花纹处呈现透明效果或镂空的网眼，类似于抽绣产品，在视觉上给人一种透明、若隐若现及强烈的凹凸感，此类印花产品就是烂花印花产品。该产品花形自然，质地细薄，风格独特，手感挺爽，立体感强，透明的花形衬托出内层的色泽，犹如蝉翼纱，似明非明、晶莹夺目，装饰性强，给织物增添了不少美感，而且该类产品吸湿透气性好，穿着舒适。烂花产品的品种包括浅色烂花布、深色烂花布、漂白烂花布等。烂花纺织品可用作窗帘、床罩、桌布等装饰性织物，也可用作衬衣等服装面料。

二、烧拔印花原理

烂花织物一般选择由两种纤维原料组成的混纺织物或包芯纱织物，常见的烂花产品有：涤/棉（或其他纤维素纤维）混纺纱或包芯纱织成的织物和锦纶/纤维素纤维混纺纱或包芯纱织成的织物。利用此类织物中不同纤维的化学性能不同，通过选择适宜的烧拔助剂和适宜的加工条件，腐蚀掉织物中的一种纤维，而保留另一种纤维，从而获得烂花效果。表 9-1 列出了常见纤维耐酸、耐碱性能的差异。纤维素纤维的耐酸性比蛋白质纤维、合成纤维都差，虽然在低浓度的无机酸存在下，纤维素纤维在常温短时间内较为稳定，但在高温长时间作用下，纤维素纤维会发生水解，生成聚合度低的水解纤维素，继续水解将成为纤维二糖，最终水解成为溶解性好的葡萄糖。利用纤维素纤维耐酸性差的特性，可选择酸作为含纤维素类的混纺织物、交织物或包芯纱织物的烧拔剂，对纤维素纤维进行腐蚀加工，进而获得烂花产品。涤/棉包芯纱织物或混纺织物的烂花原理就是利用纤维素纤维不耐酸的化学特性，纤维素分子链中的苷键在酸性介质中极易断裂，最终水解成葡萄糖；而涤纶纤维化学高分子结构上有苯环，极性基团少，疏水性强，此外涤纶的超分子结构具有分子排列紧密，结晶度高的特点，在水中吸湿溶胀程度低，对酸的反应性相对稳定，较耐酸，因此可选用硫酸、$AlCl_3$等酸性助剂作为腐蚀性烧拔剂，用于腐蚀印花处的纤维素纤维而保留涤纶纤维。不同烂花产品使用的腐蚀剂不同，烂花工艺过程及条件不同，如涤/棉包芯纱烂花工艺过程为：先将酸（如硫酸）及耐酸的原糊调制成印花色浆，印制在织物上，经烘干和焙烘后，印花处的纤维素纤维炭化变脆，最后再经充分水洗，洗去被腐蚀的纤维素纤维，而涤纶纤维保留下来，从而获得透明的立体烂花效果，生产出了涤棉包芯纱烂花纺织品。又如由 50/50 黏胶纤维/聚酯纤维混纺纱制成的织物，烂花印花时，利用黏胶纤维和聚酯纤维耐酸性能不同，用酸性化学腐蚀剂（烧拔剂）破坏黏胶纤维，留下未被破坏的聚酯纤维，结果印花处只剩下透明的聚酯纱织物，未印花处则呈现聚酯纤维/黏胶纤维混纺纱原来的不透明状态，得到了一种烂花产品。又如灯芯绒类烂花产品：灯芯绒底线可选用涤纶或真丝纤维，而绒条选用纤维素类纤维，则可以选用酸作为烧拔剂，经烂花印花处理后，可获得印花部分的绒条纤维素纤维被腐蚀后而呈现透明效果，而未印花部分是含有绒条的不透明效果，即生产出了灯芯绒烂花产品。因此，根据选择的织物种类不同，结构不同，性能不同，选择适宜的烧拔剂（腐蚀剂）及合适工艺条件就可生产出不同类的烂花产品。

表 9-1　常见纤维耐酸、耐碱特性

纤维种类	耐酸性	耐碱性
棉	差	好
黏胶	差	好

续表

纤维种类	耐酸性	耐碱性
羊毛	好	差
真丝	好	差
锦纶	好	好
涤纶	好	差
氨纶	好	好
腈纶	好	好

此外，烂花产品也可使用纯纺织物，获得仿网眼刺绣效果的织物。将含有破坏纤维组织的化学物质（即腐蚀剂）的印花色浆、以花纹图案形式印制在织物上，由于化学腐蚀剂的作用，接触腐蚀剂处的纤维被腐蚀掉，获得具有镂空网眼效果的印花产品。常采用两滚筒或三滚筒印花，可获得仿网眼刺绣效果的织物，其中一个滚筒含有破坏性化学药品，其他滚筒印制仿刺绣的针迹。这种纯纺烂花产品上所产生的镂空网眼，致使产品强力损失大，耐穿性很差。这种织物常用于廉价的夏季女衬衫和女内衣等。目前烂花织物主要是由两种不同纤维通过混纺、交织或包芯纱织成的织物。

三、烧拔印花生产工艺

烂花印花产品可以是针织物，也可以为机织物。烂花织物种类选择很重要，烂花印花最早用于丝绸交织物，如烂花绸、烂花丝绒（丝绒由蚕丝或锦纶丝和黏胶丝交织而成，面组织绒毛为黏胶丝，地组织为蚕丝或锦纶丝），后发展了涤/棉包芯纱（纱芯是涤纶长丝，外层包覆棉纤维）织物、涤/锦混纺或交织物等。烂花印花所用色浆根据施印织物的纤维种类不同，可分为酸性烂花浆和碱性烂花浆两种。一般涤/棉包芯纱织物及其混纺织物可采用酸性烂花浆，腐蚀棉而保留涤。涤/锦混纺或交织物可采用碱性烂花浆，腐蚀涤而保留锦。

产量最高的烂花产品是涤/棉包芯纱织物，该类产品选用的烂花色浆为强酸性浆，硫酸为最佳的烧拔剂，具有释酸作用的酸性盐，如硫酸铝、硫酸氢钠等也可用作烧拔剂，但效果不如硫酸。此外，丝绒织物也使用酸性烂花浆，常用三氯化铝作为酸性腐蚀剂，生产烂花产品。该类产品的印花工艺过程为：先将含有酸或酸性盐的色浆印制在织物上，然后经过烘干和焙烘热处理，此时不耐酸的纤维素类纤维（棉纤维、黏胶纤维）在高温及酸性条件下被水解、脱水、炭化，最后经水洗去除炭化的纤维素纤维，而受酸影响较小的涤纶纤维、蚕丝或锦纶丝被保留下来，从而获得具有透明、凹凸不平的立体视觉效果的烂花产品。

色浆中原糊的选择很重要，其对烂花产品的质量有很大影响，对于酸性烂花浆所用糊料应具有耐酸性能，同时要有良好的渗透性，以利于被腐蚀纤维烂透，进而获得轮廓清晰的花纹图案；并且调制好的酸性烂花浆流动性要好，不致造成拖浆、刮刀刮色不净等疵病；此外还要求烂花色浆具有良好的水溶性，以利于印花后原糊易于去除。一般原糊采用多种糊料的拼混糊，如采用羟乙基皂荚胶、白糊精及乳化糊A浆三种糊拼混使用，也可使用其他拼混糊，如使用Indalca PA-26和PA-30的拼混糊作为原糊。总之，合适的拼混糊可获得较佳的耐酸性和理想的烂花效果。

在烂花色浆中可加入对被保留纤维有亲和力的染料，对于涤/棉包芯纱织物，烂花色浆中加入分散染料可作为涤纶的着色剂，从而得到有色烂花印花产品。但必须选择耐酸性好、遇酸不凝聚的S型或SE型分散染料，也可将耐酸涂料加入酸浆中，使涤纶纤维着色。

下面介绍几种常见烂花产品的印花工艺。

1. 涤/棉混纺织物的烂花印花工艺

烂花织物根据烂花后织物印花部位有无色泽，可分为一般烂花印花和着色烂花印花。一般烂花印花为烂花色浆中无着色剂，印花后经过高温处理，使印花部位的棉纤维受到酸的腐蚀作用，炭化成焦渣，经水洗而被去除，而保留的涤纶为着色，最后得到透明、立体效果的烂花织物。着色烂花印花为烂花色浆中有着色剂，织物印花处纤维素纤维被腐蚀的同时，保留的涤纶纤维被染上颜色，从而形成与地色不同的色泽的透明花型，呈现出绚丽多彩的凹凸立体烂花效果。

烂花印花工艺流程：织物前处理、定型→（染色）→印花→汽蒸（95～98℃，3min）或焙烘（140℃，4min；185～195℃，0.5～1min）→强烈冲洗或用带摩擦的绳状方式进行洗涤→皂洗→水洗→脱水→开幅→烘干→柔软处理→成品定型。

烂花印花前织物可以先进行染色或普通印花，也可以在白色织物上直接进行烂花印花后再进行染色或普通印花。着色烂花印花色浆中需加入耐酸的分散染料，可使棉的腐蚀与涤纶的上色同时完成，得到着色烂花产品。

（1）一般烂花印花色浆处方

98%硫酸	30～33mL
耐酸混合糊料	600～700mL
水	适量
总量	1L

其中耐酸混合糊料的种类和比例为：60%白糊精∶6%龙胶∶乳化糊＝1∶1∶2。无染料的色浆中还可加入0.1%～0.2%的分散灰，以增加烂花处的透明度；或加入少量白色涂料打边框，以增强烂花的浮雕效果。为了提高渗透性能，并且保持一定的湿度，可添加丙三醇，但用量不宜过多，否则会影响腐蚀效果。图9-1为涤/棉一般烂花产品。

图9-1 涤/棉一般烂花产品

（2）着色烂花印花色浆处方（g）

白糊精　200

合成龙胶　200

乳化糊　440

硫酸　55～60

分散染料　适量

总量　1000

着色烂花色浆与一般烂花色浆相比，多加入了着色剂分散染料。分散染料应选择耐酸性好，在强酸条件下不凝聚，不影响棉纤维炭化及其去除效果，同时还要对涤纶纤维有很好的上染性能，保证着色后涤纶纤维的色牢度和色泽鲜艳度等。烂花剂除了硫酸外，也可选择硫酸和硫酸铵的混合酸剂，以及硫酸氢钠或硫酸铝等酸性盐。加热时，这些助剂会分解释放出硫酸，以腐蚀棉纤维。着色烂花印花后的焙烘温度要比无染料的一般烂花印花高。高温焙烘处理有双重作用，一是使棉纤维炭化脆损，另一个作用是使分散染料上染涤纶纤维，因此焙烘温度的选择还需考虑到分散染料上染涤纶的固色温度。但焙烘温度也不能太高，因为在注意防止棉炭化不足的同时，同样要注意避免炭化过度。此外，着色烂花产品清洗时需采用还原清洗，同时要防止白地沾色，洗液中可加入防沾剂。表 9-2 为一般烂花印花和着色印花的热处理条件（腐蚀剂均选用硫酸铝）。此外，着色烂花色浆中也可使用涂料，涂料的加入不仅可以着色，而且有助于炭化后残渣的去除。彩图 8 为一种涤/棉着色烂花产品。

表 9-2　一般烂花和着色烂花的热处理条件比较

烂花方法	热处理	温度/℃	时间/min	备注
一般烂花	焙烘	160	1～3	大于 160℃泛黄
着色烂花	焙烘	180	1	
	汽蒸	140～200	3～5	高温汽蒸易严重泛黄

烂花印花的助剂选择很重要，如日本林化学工业株式会社推出了一种特殊的印花助剂 Uniston EG-30，它是一种烂花印花助剂，适用于聚酯与纤维素纤维混纺或包芯纱织物。该助剂主要组分为硫酸盐衍生物，是一种乳白色胶体阴离子物质，pH 值在 1 以下，该助剂调浆简单，易于洗除，烂花印花推荐配方如下（%，质量百分比）：

Uniston EG-30　20～40

分散染料　x

甘油　5

水　y

瓜尔胶糊料　　　　　25～45

该印花色浆推荐的印花工艺过程为：印花→烘干→焙烘（170℃，1min 或 130℃，3min）→洗涤。

烂花工艺方法除了采用直接印花法外，也可采用防染印花法，即预先用碱性色浆印花，烘干后浸酸或轧酸，再经汽蒸处理，此时非印花部位的纤维素纤维将被酸性物质炭化腐蚀，然后经水洗去除炭化的纤维素，从而获得另一种特殊效果的烂花产品，该工艺称为防烧拔印花，该部分内容将在下节介绍。

2. 涤/棉包芯纱针织物的烂花印花工艺

涤/棉包芯纱针织物的烂花印花工艺流程：织物印前预定型→印烂花色浆→烘干（90～95℃）→蒸化（95～100℃，3min）或焙烘（140℃，30s）→绳洗（松式水洗机）→柔软→定形整理(175～185℃)。

印花色浆处方：

Indalca PA-26（4%）	450～690g
硫酸（97%）	30mL
消泡剂	10g
水	50～290g
非离子表面活性剂	20g
甘油	80g
合计	1000g

若采用着色烂花，花纹处需要着色，色浆中可加入耐酸的分散染料。印花后织物经过汽蒸或者焙烘热处理，印花部位棉纤维被炭化，同时分散染料固着在涤纶纤维上。印花之后的热处理条件是控制烂花质量的关键，热处理温度一定要选择合适，否则印花处色泽不佳、不透明、立体效果差。织物印制烂花剂后，热处理温度由低到高，分为预烘与焙烘两个阶段。预烘的作用只是使织物上水分挥发，印花处所带的酸浓缩，预烘温度不能太高，预烘时间也不能太长，不能引起棉纤维提前炭化，否则会使烂花处的棉纤维过度炭化而变黑，难以水洗去除，影响烂花产品的白度和鲜艳度；但热处理温度太低，烘干不足，落布时织物不干，则烂花处就会与其他部位相互搭印，并有渗化现象，造成烂花边缘不清晰，花纹模糊，在焙烘时造成烂花不净，所以烘房温度和烘干程度必须严格控制。烘房温度应控制在 90～95℃，并通过车速调节合适的烘干时间，达到最佳烘干效果。烘干后的织物再经 140℃焙烘 0.5～1min。为了确保烂花产品质量，焙烘温度应严格控制，对于涤/棉包芯纱织物，焙烘温度过高，炭化纤维素变成黑棕色，难以洗净；温度低，被腐蚀处呈白色不透明状，纤维素炭化不充分，印花处的炭化棉纤维同样难以洗除，一般焙烘后印花处棉纤维色泽最好变成浅黄棕色。检查焙烘温度是否适当，产品上残渣是否易于洗去，可将织物在有张力条件下，以手牵动织物，看残渣是否容易从织物表面上脱落下来，通常以炭化残渣能立即从织物表面脱离为佳，

进而确定出最合适的焙烘温度。

烂花后的洗涤工艺是保证烂花质量的最后一关。棉纤维充分炭化后，若直接采用平洗机洗涤，洗涤条件不充分，物理机械作用较差，不能获得理想的烂花效果。要达到充分洗涤效果，织物在机械连续水洗之前，最好进行敲打、揉搓或刷洗等机械方法处理，以便预先去除一部分黏附于涤纶上的炭化棉纤维，从而减轻随后水洗处理的负担。水洗机宜选用连续水洗机，最好采用带有揉搓效果的松式绳状洗布机净洗 1～2h。着色烂花织物的洗涤，因酸浆中有分散染料，为防止浮色对白地沾污，在高温洗涤之前应充分水洗以去除酸浆中的糊料，必要时加入防止白地沾色的防沾色净洗剂。总之，洗涤过程需将已炭化的纤维素残渣全部去除干净，同时去除浮色染料、原糊等，使印花产品呈现清晰透明的花纹图案，而且保证织物的手感和色牢度。烂花产品烂花处烂的越透，洗得越干净，烂花质量效果越好。

水洗工艺为：冷水充分水洗→热水洗（60～70℃加净洗剂）→热水洗（90～100℃加少量净洗剂）→冷水洗干净（根据要求加适当柔软剂）。涤/棉烂花包芯纱织物由于亲水性的棉纤维被腐蚀去除，疏水性的涤纶纤维含量增大，该类产品更易产生静电，因此在烂花印花后的水洗浴中，除了加入改善织物手感的柔软剂之外，还可加入相容性好的抗静电剂。

总之，涤/棉包芯纱针织物的烂花印花工艺过程及其条件的选择与涤/棉混纺织物相似，但织成织物所用纱的结构不同、纱支数不同、织纹不同、织物的紧密度不同，烂花产品的质量效果不同。一般包芯纱织物的烂花透明度效果优于混纺织物的效果。

3. 丝绒织物烂花印花工艺

丝绒织物烂花印花工艺流程：煮练→（染地色）→脱水→刷毛→烘干整理→打卷→印烂花色浆→烘干→焙烘炭化（135～140℃，5～7min）→刷毛→蒸化（圆筒蒸箱，压力 78kPa，40～50min）→水洗→（固色）→水洗→（染色）→刷毛→烘至半干→整理→成品。

丝绒织物烂花色浆采用酸性烂花浆，酸腐蚀面组织中黏胶丝材质的绒毛，而保留地组织的蚕丝或锦纶丝；丝绒织物的烂花印花一般采用平网印花机，单套色烂花针织丝绒织物采用反贴，即烂花色浆印在反面地组织上，以使烂绒干净、花型整齐（图 9-3）。炭化可在炭化机上进行。

图 9-2 丝绒织物烂花印花产品

印浆处方（g）：

Indalca PA-26（4%）	750
三氯化铝	55
水	x
直接染料	y
合计	1000

4. 涤/锦交织物烂花印花工艺

除了酸性烂花浆外，也有碱性烂花浆，涤/锦交织物就是使用碱性色浆破坏涤纶纤维而保留锦纶纤维。

烂花碱浆处方如下（g）：

氢氧化钠	250
耐碱糊料	600～700
水	适量
合成	1000

工艺流程：织物印前预定型→印烂花色浆→烘干→焙烘（140℃，0.5～1min）→绳状洗涤（松式水洗机）→柔软整理。

四、烧拔印花生产操作技术

1. 糊料种类和用量的选择

烂花印花浆中糊料的作用是调节合适的黏度，以获得轮廓清晰的花纹图案。色浆黏度不能太小，否则花纹易渗化，导致花形轮廓不清晰，花纹边缘模糊不清；但色浆黏度也不能过大，否则色浆透网性差，渗透性差，会造成花形不完整，且刮印困难，操作费力，成本提高，因此色浆中糊料种类和用量的选择很重要。

对于烂花印花所用原糊的要求有以下几点。

① 耐腐蚀剂（如酸或碱）性能好，腐蚀剂存在下色浆性能稳定，不水解，能保持色浆合适的黏度。

② 具有一定的流变性、透网性，有利于刮刀刮印。

③ 具有较好的渗透性，利于渗入纤维内部，使烂花处能充分烂透。一般采用多种糊料拼混，以达到性能上相互取长补短。

不同种类糊料具有不同的性能，进而影响烂花产品的质量，表 9-3 为不同糊料印制性能的对比。单独用白糊精配制烂花色浆，产品花形轮廓清晰，烂花部分白度高、色泽鲜艳，但黏度高时，刮浆操作难度增大，而且成本较高。单独由合成龙胶配制的烂花色浆配制简便、快速，但易产生渗化现象，花形轮廓不如白糊精色浆清晰。黄糊精配制烂花色浆效果良好，花形轮廓清晰，色浆配制操作也较简便，虽带有色素，但若工艺条件控制适当，不会影响烂花部位的色泽。此外，木薯粉浆也可作为烂花浆中的糊料。糊料用量可按具体生产方式来确定，机印与手工台版印花色浆的黏度要求不同，一般情况下机印色浆黏度稍小于手工台版印花。

选择拼混糊，相互可以取长补短。根据实际生产经验，烂花浆中糊料的用量参考范围如下：白糊精占烂花浆比例为12%～20%；合成龙胶占烂花浆比例为2%～4%。硫酸作为烂花剂时，一般使用白糊精糊、醚化植物胶糊、乳化糊拼混成混合糊料。调浆时加入部分水后，将几种糊料搅拌均匀，然后在不断搅拌下缓慢地加入硫酸烂花剂中，制成烂花色浆。另外，注意调制原糊（色浆）时，不能产生气泡，气泡存在会导致色浆不能够均匀地附着在每根纤维上，导致烂花不匀，为了防止此问题的产生，调原糊或色浆时，可以添加耐酸性的消泡剂。

表 9-3　不同糊料印制性能的对比

糊料名称	稳定性	印制操作性	印花效果	洗除性
白糊精	良好	较差	较好	较差
醚化植物胶	较好	一般	一般	一般
白糊精＋乳化糊	较好	一般	一般	一般
醚化植物胶＋乳化糊	较好	较好	一般	较好
白糊精＋醚化植物胶＋乳化糊	良好	较好	好	较好

酸性烂花色浆使用的拼混原糊混合过程麻烦、成本较高。现已开发了专用的复合型耐酸印花糊，如改进型的NP-8和A12为两种复合型耐酸性商品糊料，其耐酸性能好，冷水或热水均可调制成触变性好的假塑性印花原糊，调糊操作简单方便。这种原糊不仅具有应用方便，而且由该糊料调制的色浆贮存稳定性好，加酸放置24h后，原糊黏度基本无多大变化，因此商品复合型耐酸印花糊的使用克服了自己调制耐酸拼混糊的缺点。

2. 炭化条件

炭化是烂花工艺中非常重要的一道工序，就是在此工序中棉组分被“烂掉”。酸对纤维素纤维的水解程度与酸的性质、水解温度、作用时间等有很大关系。为了使棉纤维炭化腐蚀而被去除，必须选择合适的炭化工艺条件，确保棉纤维被充分炭化脆损，而且易于从织物上脱落和洗净，进而获得优良的烂花效果。炭化工艺按各企业的设备条件不同，可采用汽蒸或焙烘方法。炭化温度和时间不足，烂浆印花部位呈不透明的白色，不易洗除，从而产生炭化不净。炭化温度越高，酸性越强，作用时间越长，一般水解越剧烈。但炭化温度过高时，烂浆印花部位呈黑棕色，其残渣不易洗净，并严重影响织物强力，会使涤纶纤维泛黄。炭化时应注意温度与时间的相互制约关系，焙烘温度高时，所需时间可适当缩短，焙烘温度低时，焙烘时间应适当延长。经过烂花浆印花后的织物再经焙烘热处理后，烂花部位的纤维素类纤维开始慢慢发生炭化，先出现浅黄色，随着时间的延长，颜色逐渐加深变为浅棕色、深棕色直到变为黑色。在棉纤维呈现黑棕色后，其残渣难于洗净。因此，一般焙烘温度掌握在纤维素纤维变为浅棕色为宜。在选择热处理温度时，还应考虑混纺织物中的另一个化学纤维（如：涤纶纤维）的耐热性能，焙烘温度控制在该纤维的软化点以下，避免该纤维严重损伤；对于着色烂花产品的炭化温度选择，还应考虑色浆中分散染料的升华牢度。当烂花腐蚀与印花着色两者工艺不能兼顾时，可采取二步法处理，但这样将造成生产工艺过程长、耗能大、污染大以及花形套版困难，在花形设计时要设计适合于二步法烂印的花形。

3. 烂花印花筛网及刮刀的选择

烂花用的丝网一般选用涤纶丝网，因其使用寿命较长，但亦可采用尼龙丝网。在连续生产时需采取必要的冲洗、刷版措施，以延长筛网的使用寿命。烂花所用筛网目数的选择按烂花面积大小而定，不宜采用过密筛网，以防产生烂不透的弊病。但筛网也不能过稀，否则易出现渗化现象。此外，烂花筛网制版用的感光胶应选用耐酸的感光胶。印制酸浆时，选用大圆口刮刀，刮两次，保证刮足色浆及色浆的渗透性。

4. 织物印花烘干操作

织物印花烘干进烘房时，一定要保持平挺，张力均匀，不能有折皱，否则易造成炭化不匀，出现印花着色不匀的疵病。

5. 炭化后处理操作

炭化后的织物在贮放过程中，残留酸易吸收空气中的水分，会向织物表面及内部扩散，进一步腐蚀纤维，造成花形轮廓不清晰，织物损伤增大，而且炭化的纤维素残渣吸水分后，会变软，从而导致其洗除难度增大，因此炭化后的织物不宜贮存，应及时抖松、透风，使热量迅速散离，然后及时进行轧压、水洗，以确保充分去除烂花处炭化的纤维素残渣，获得花纹轮廓清晰的烂花产品，同时避免烂花产品强力下降过大。烂花产品质量评价主要是看纤维素纤维腐蚀程度，纤维素纤维腐蚀越干净，烂的越透，则烂花效果越好；因此烂花后水洗工序控制很重要，一定要把炭化后的残渣洗干净，除了加强机械挤压、摩擦，强化水洗效果之外，还可以在水洗液中添加一些水溶性增溶剂，促使炭化的纤维素残渣去除干净。此外，对于有些特殊要求的产品，还需对烂花处进行增白处理，以增加织物的立体感；还可在水洗处理中对织物进行柔软整理和抗静电等整理，以进一步提高产品的档次。

五、影响烧拔印花产品质量的关键技术问题

烧拔印花效果与织物种类和规格、烧拔印花色浆、热处理条件、洗涤工艺及条件等有很大关系。

① 烂花质量的优劣，主要看纤维烂得是否彻底，应该烂掉的纤维，烂得越净，烂花效果越好，同时考虑保留纤维尽量损伤小。织物规格不同，烂花效果相差很大，同组织规格织物，包芯纱织物比混纺织物烂花效果好。如使用涤/棉混纺织物，涤纶常用短丝，成本低，但烂花部分透明度较差，呈半透明状。若使用涤棉包芯纱织物，涤纶用长丝为芯，外面均匀包覆一层棉纤维纺纱，制成包芯纱，这

类织物烂花后透明度好、立体感强。

② 烂花浆的配制，烂花剂（腐蚀剂）是印花浆的主要组成部分，其作用是烂掉织物中易被分解或炭化的纤维部分。传统的烂花印花工艺采用酸作为烂花剂，利用不同种类纤维的不同性质，通过高温焙烘或汽蒸热处理，使印花部位的纤维素类纤维受到酸的作用而炭化脆损，经水洗后去除，使织物具有透明的凹凸立体感效果。烂花酸剂种类的选择很重要，其对烂花产品质量的有很大影响。在烂花酸剂的选择中，由于盐酸挥发性强，对空气中的水分具有很强的吸收性能，易使烂花部分出现渗化现象，影响花形轮廓的清晰度，所以不宜采用。生产上常用于烂花印花的酸剂或释酸剂有：硫酸、硫酸铝、三氯化铝等，对于涤棉包芯纱烂花，以硫酸为好，而丝绒烂花常用三氯化铝作为烂花剂。此外，烂花剂的用量要合适，才能获得好的烂花效果，烂花剂用量与烂花织物的纱支、组织规格以及棉与化纤所占比例、经纬密度等不同而有所不同。研究表明，通常情况下，采用浓度为98%的硫酸作为烂花剂时，每升烂花色浆的用酸量为20～60mL。表9-4为硫酸用量对烂花效果的影响。除了烂花剂外，色浆中还要有增稠剂，选用的增稠剂（糊料）必须耐烂花剂（耐酸或耐碱），而且有良好的渗透性，调制的色浆应具有稳定的黏度，以达到印制花纹轮廓清晰、花形完整的效果。着色烂花印花色浆配置时，应将染料单独用水调制均匀后，滤入烂花酸浆，防止染料凝聚，产生色点，同时注意色浆中各助剂相容性应好。若配置烂花色拔浆时，色浆中加入的拔染剂和染料必须耐烂花剂（腐蚀剂），这种印花工艺焙烘热处理时，有3种作用：印花部位的纤维素类纤维被炭化、印花处地色染料被破坏以及被保留纤维染上另一色泽。

表9-4　硫酸用量对烂花效果的影响

98%的硫酸用量/（mL/L）	烂花效果
10	不明显
20	不明显
30	略明显
40	较明显
50	明显
60	明显

③ 炭化热处理条件的选择是影响烂花产品质量的一个关键因素，如果炭化作用不完全，烂花处的残渣难于去除干净，导致烂花透明度差；而炭化过度，被腐蚀纤维变成黑色焦屑，黏附于另一纤维上，也难于去除干净，影响烂花效果。

④ 最后的洗涤工艺也是影响烂花产品质量的重要方面，要保证炭化的残渣能够被完全去除干净，洗涤时最好与敲打，揉搓或刷洗等机械方法相结合。

⑤ 注意问题：酸作为烂花剂有其局限性，酸腐蚀性太强，酸用量大，不但造成环境污染问题，还会因腐蚀性过强，不利于印花设备的维护。使用酸剂作为烂花剂应考虑设备耐酸程度，避免刮板金属部分、传送带、烘干设备等被腐蚀损坏。

生产中，大量使用高浓度的硫酸，工人在操作也存在危险，容易造成酸污染，不符合环保要求，这些方面应给予一定重视。硫酸是具有强烈腐蚀性的强酸，同水混合时放出大量热，使用时应将浓硫酸徐徐加入水中，同时加以搅拌，切勿将水倒入浓硫酸中，防止飞溅腐蚀衣服和皮肤，应注意安全，做好防护。目前可以用烂花粉作为烂花剂，其主要成分为一种硫酸盐的粉状复合物，在1%的水溶液中，pH值为1～2，其作用比硫酸要缓和得多，且对设备腐蚀小和对环境污染小，操作方便安全，化料简单，在调浆时可直接将其加入到色浆中，搅拌均匀，即可进行印花。印花后织物再经高温焙烘，纤维素纤维被炭化，并在随后的水洗后处理中被洗除，即可生产出烂花产品。

六、烧拔印花设备

烧拔印花设备可使用滚筒印花机，但花筒的花纹深度应较一般的花筒深，深度为140～160μm，印后花纹轮廓光洁；深度170～190μm，印制花纹透明度好。平网印花设备也可使用，但效率低，成本较高，一些精细花纹，如着色云纹、精细点线和喷笔难以生产。

第二节 防烧拔印花、仿烧拔印花

一、防烧拔印花

1. 防烧拔印花原理及效果

与烧拔印花不同，防烧拔印花，它是先在织物上印保护浆，然后将整个织物浸入或浸轧在含有一种对织物中一种纺织原料具有烧拔（腐蚀）作用的助剂中，此助剂可以将不印花处的一种纤维原料腐蚀破坏，而保留另一种纤维原料，而印花处由于印有保护浆，织物上的纤维均不被破坏，从而得到印花处凸起，无花处凹陷透明的立体印花效果，这就是防烧拔印花。

图9-3　一种防烧拔印花产品

防烧拔印花与防染印花类似，先在织物上印制防腐蚀剂破坏的化学品（具有保护纤维的作用），如涤棉包芯纱织物，先印碱性色浆，然后再浸轧酸性色浆，或罩印酸性腐蚀浆，先印碱性色浆的印花部位，由于碱的保护作用，所有纤维不被腐蚀，而其他非印花处有酸性助剂存在，在焙烘加热时，此处的棉纤维被炭化腐蚀，然后经水洗去除，这样产生与烧拔印花效果不同的透明立体花纹图案，即在花纹处未被腐蚀，为不透明，凸起，而无碱的非印花部位，由于酸的作用，棉纤维被腐蚀，而产生凹陷的透明效果。图 9-3 为一种防烧拔印花产品。

2. 织物要求

防烧拔印花织物仍然必须是两种性能不同的纤维织成的混纺织物、交织物或包芯纱织物等。

3. 印花工艺及设备

印花工艺过程为：织物印花（由醋酸钠、碳酸钠、白糊精组成的碱性色浆印花）→酸性色浆罩印或浸轧酸性色浆→烘干→焙烘→绳洗→柔软整理等。

印花设备：可以采用滚筒印花机和平网印花机等设备进行印花。

4. 印花生产操作技术及关键技术难点问题

防烧拔印花与烧拔印花的生产操作技术及关键技术难点问题相似，在此不再论述。

二、仿烧拔印花

1. 透明印花原理和特点

透明印花（transparent printing）纺织品是将含有纤维膨化剂的特殊印花色浆印制在织物上，使局部纤维产生膨化，增加透光性能，使花纹处与无花纹处形成明显的反差效果，这种印花纺织品称为透明印花纺织品。透明印花的织物远看与烧拔印花织物相似，因此又称为仿烧拔印花，但两者印花原理完全不同，对所用织物的要求也不同。烧拔印花一般使用由两种不同性质纤维制成的交捻、包芯纱或混纺织物，而透明印花则使用由单一纤维织成的纯纺织物，应用最多的是纯棉织物。

目前，国外（日本、意大利、德国）开发的一种采用特殊的涂料印花浆，印制在织物上形成视觉上半透明的效果。此印花色浆的主要组分为聚氨酯或膨化剂，印花织物可以选择纯棉织物、纯毛派力司织物、锦纶织物等，印花前织物可以是白色，也可以有其他颜色。

2. 棉织物膨化剂

对棉纤维起膨化作用的助剂很多。例如，浓硫酸对棉纤维有很好的膨化作用，生产上已经成功地用它制成十分透明的纯棉“蝉翼纱”。但是用酸作为棉纤维的膨化剂，很难保证纤维素棉不受损伤，并且硫酸腐蚀设备。另一类棉织物膨化剂是中性盐，如硫氰酸的钙、锂、钾盐，它们对棉纤维都有较好的膨化作用，但是成本较高，应用受到一定限制。此外，还有酸性盐类膨化剂，较为实用的有氯化锌，它不仅对棉纤维具有膨化作用，而且来源广，应用安全、方便、成本低。

3. 棉织物透明印花工艺、色浆及印花设备

(1) 氯化锌为膨化剂的透明印花浆的组成 (g)

氯化锌 (98%)	100
水	67
黏胶纤维短屑 (聚合度 800 左右)	4

操作方法为：将氯化锌放入陶瓷缸中，用冷水溶解。注意此反应为放热反应，因此待温度下降到 70～80℃时，将黏胶纤维短屑（预先切割成短屑备用）放入氯化锌溶液中，搅拌直至全溶。全溶的标志是溶液完全透明的均匀溶液，约需 5h 左右。待温度下降到室温，即可应用。

印花浆中以黏胶纤维短屑作为增稠剂使用，它使印花浆具有适当的黏度，使透明印花的花纹轮廓清晰。若应用常规的糊料，如淀粉、糊精等，则难以与氯化锌配伍相容，但是黏胶纤维短屑也有不理想的地方，例如在印花后水洗过程中，容易产生絮状物析出，黏附在布上，不仅沾污布面，而且妨碍透明度提高。因此，黏胶纤维短屑的用量越少越好，只要保证有足够的黏度就可以了。最简单的方法就是选用聚合度较高的富纤型黏胶纤维。

(2) 透明印花的工艺过程　经过丝光等前处理的棉织物→印花→预烘→拉幅烘干→绳洗→酸洗除锌 [30% (19°Be) 盐酸 5mL/L] →绳洗（充分水洗，洗去膨化剂）→开幅→烘干→室温浸轧 23.5% (30°Be) 氢氧化钠溶液（碱具有中和酸的作用，并且具有提高印花透明度的作用）→水洗→稀酸中和→水洗→烘干→拉幅→成品。

4. 印花操作及技术难点

织物的规格、前处理及性能对透明印花产品质量有很大影响，一般应选择纱支细的薄型织物，使用最多的是纯棉织物，如 7.3tex×5.8tex (80 英支/100 英支) 的细平布纯棉织物就比较合适。印花前织物必须进行很好的前处理，织物应有良好的吸湿渗透性，同时一定要经过丝光处理，提高尺寸稳定性，这样更好地突出透明效果。

透明印花成功的关键，除需选用氯化锌等合适的膨化剂外，印花操作时织物还必须保持张紧的状态下进行膨化，绝对不能收缩（不像泡泡纱印花织物），这样才能保证印花的透明效果；此外，印花后，织物必须立即烘干，不能存放。而且预烘只能达到半干状态，如有可能，织物印后立即进入定形机烘燥，在完全处于张力状态下膨化，膨化效果可强化。另外，织物印花、水洗、拉幅烘干后，还必须浸轧氢氧化钠溶液，以使透明效果进一步提高。

透明印花采用滚筒印花机印制时，花筒刻纹不宜太深，以避免织物上带浆过多，造成洗涤困难。若与其他色浆共印时，一般应先印其它色浆，后印透明印花浆。印花时，若在花纹边缘套印白涂料勾线，则透明效果更为显著。

第十章

凹凸立体印花

织物的性能、规格对印花产品的质量和风格有很大影响，印花织物可以选择丰厚的绒类型织物，也可以选择平整的轻薄型织物；立体印花产品的一种效果是花纹处凹下去，呈现艳丽的光泽，并具有不透明的风格，而非印花处绒毛凸出，光泽柔和；立体印花产品的另一种效果是有花处绒毛凸出，而无花处凹陷（或平整）。通常前者为浮雕印花效果，后者为浮纹印花效果。此类产品的效果可以通过浮雕或浮纹印花方法获得，这也是获得立体印花效果的一种方式。本章除了介绍浮雕及浮纹印花技术之外，还简单介绍其他立体印花方法。

一、浮雕印花

1. 浮雕印花特点

浮雕印花织物表面呈现凹凸不平的立体感效果，花纹处凹下去，呈现艳丽的光泽，并具有不透明的风格，而非印花处绒毛凸出，光泽柔和，该类产品具有很好的视觉和触觉效果。图 10-1 为一种浮雕印花产品。

2. 羊毛织物的浮雕印花原理及其特点

浮雕印花效果的实现，首先需要考虑纺织原料的性能，其次是要正确选择助剂、设备、工艺。对于羊毛产品浮雕印花，也称浮雕整理。羊毛织物的浮雕印花的原理是利用羊毛纤维具有缩绒性能，选用合适的防毡缩助剂，将其以花纹图案的形式印制在织物上，使印花处的纤维不能发生毡缩现象，而非印花处羊毛纤维具有缩绒性，通过缩绒整理，非印花处羊毛纤维发生缩绒，绒毛凸起，而花纹处的羊毛纤维由于具有防毡缩性能，花纹处凹陷下去（平整），进而形成了这种凹凸不平的立体花纹效果，即获得浮雕印花效果。因此，羊毛织物的浮雕印花是印花工艺与羊毛织物缩绒后整理工艺的有机结合。印花图案设计人员要与工艺设计人员互相沟通、密切合作、双方要切磋才能将设计好的图案通过合理的工艺在织物上印制出来，才能生产出符合设计者要求的羊毛浮雕印花产品。

图 10-1 浮雕印花产品

因为羊毛纤维缩绒后织物性能将发生很大变化，如尺寸、密度、外观、手感等多方面都发生了变化，因此羊毛浮雕印花织物面料质感丰满，纹理朦胧，色彩柔和，手感滑腻，充分显示出粗纺产品的风格特点，形成独特的外观效果。

3. 羊毛织物浮雕印花工艺

羊毛织物的浮雕印花一般在平网印花机上进行，根据织物性能和花型图案特点进行制版、色浆调制、打样等一系列工序，将图案印制在织物上。具体步骤为：首先将含有一种防毡缩剂的印花色浆以花纹图案的形式印制在羊毛织物上，或将含高浓度胶黏剂的色浆印制到织物上，然后烘干、汽蒸（或焙烘），最后再对织物进行缩绒（可在转筒式洗衣中进行）或起绒整理，或再经染色，从而生产出一种花纹处凹陷，而无花处凸起的立体浮雕印花效果的产品。

(1) 印花浆的组成（%）

Synthappret BAP（46%）	2.5
碳酸氢钠	0.3
低固体海藻酸盐（增稠剂）	1.0
水	96.2

在上述色浆中还可以加入适量（0.001%～0.01%）的涂料，可使浮雕效果更为明显，涂料添加量不能过多，因为在浅色毛织物上（如羊毛衫上）产生的浮雕效果更为突出，若涂料用量多，则获得另一种效果的色彩浮雕印花产品。

(2) 色浆中各种助剂的作用

① 水溶性树脂　Synthappret BAP 为水溶性防毡缩树脂，此外 Synthappret LKF 津塔普雷特 BAP（含 46% 聚异氰酸盐的亚硫酸氢盐，英国拜尔产品）、Uitratex ESB 乌尔特拉泰克斯（含 35%聚硅氧烷乳化剂，汽巴产品）、美国生产的 Hercosete57、美国道康宁（Dow-corning）公司的 DC-109 也可作为防毡缩树脂。

② 海藻酸钠原糊　其作为增稠剂，使色浆调制成合适黏度，保证印花花纹轮廓清晰；浮雕印花糊料不能与树脂发生反应，其与树脂应有很好的相容性，而且

在缩绒处理工艺中，要容易洗去。

③ 碳酸氢钠（小苏打）　水溶性树脂防缩剂 Synthappret BAP 需在碱性条件下焙烘时发挥防毡缩的作用，小苏打可使防毡缩剂呈碱性，如果印花前毛织物上含有弱碱性物质，可减少小苏打的用量。由于碳酸氢钠会使防缩浆的稳定性变差，一般稳定期约为 24h 左右，因此碳酸氢钠最好在印花前加入色浆中。水溶性树脂防缩剂 Synthappret BAP 有一定的渗透能力，如果印花后，印浆不能完全渗透到织物的反面，则色浆中还需要加入适量非离子型渗透剂；对于毛毯类厚型织物，印花后织物可通过一对轧辊的挤压，以促进色浆的渗透。印透的织物经烘干后，再进行汽蒸或焙烘热处理，以使得印花处的羊毛纤维获得防毡缩效果，同时若色浆中有涂料，焙烘热处理，涂料通过树脂或胶黏剂的作用，被牢固地附着在织物上。一般汽蒸工艺条件为：103～110℃处理 15min；焙烘工艺条件为：110～120℃处理 10min。

(3) 缩绒　印花后的毛织物需进行缩绒整理，使未印花处的羊毛纤维发生缩绒，绒毛凸起，获得立体印花效果。缩绒属于毛织物的后整理工艺，不属于印花工艺。根据使用缩绒剂不同，可分碱性缩绒、酸性缩绒、中性缩绒、肥皂缩绒和先碱后酸缩绒等方法。影响羊毛织物缩绒工艺因素主要有：缩绒剂、浴比、温度、pH 值、机械作用力和时间等。中性缩绒速度较慢，时间需适当延长，酸性或碱性缩绒速度快，易缩绒、缩绒时间可缩短。适当提高温度，缩绒速度提高。粗纺毛织物用碱缩绒，温度 35～45℃，酸缩温度为 50℃。压力大小、含水多少可根据不同织物进行选择，以达到预期效果为准。

下面介绍羊绒衫的一种缩绒方法供参考。

工艺流程为：浸湿→缩绒→清洗→烘干。

① 羊绒衫浸湿，水温 35～40℃、浴比为 1：(20～30)、浸湿时间 10～20min。干燥的羊毛衫缩绒比较困难，浸湿的毛纤维的延伸性和弹性提高，使羊绒衫中的纤维之间容易产生相对运动，同时毛纤维润湿膨胀，鳞片张开，也有利于纤维互相交错，因此润湿的羊毛纤维有利于缩绒。

② 缩绒，中性洗涤剂 0.5%～1.5%、pH 值 7～7.5，35～40℃下缩绒 10～30min，具体工艺条件根据产品类型而定。机械外力作用：如果缩绒时不加外力，纤维之间不发生相对移动，则羊毛纤维不会交织在一起，缩绒时外力大小及施加频率应适当而且均匀，以保证缩绒均匀。

③ 清洗，缩绒后，织物需要清洗 2 次，2～3min/次，以便去除缩绒剂。

④ 烘干，缩绒并经清洗的羊绒衫，最后在 85～90℃下烘干 20～25min。

4. 羊毛衫浮雕印花工艺操作过程及其注意事项

① 把毛衫平放在一个用不锈钢丝制成的毛衫形的衣架上，衣架外形的长宽要比毛衫略大一些，约大 10%～15%，便于印花时印花色浆的渗透。印后平放吹干，再焙烘。

② 毛衫印花前需进行洗油，使羊毛衫含油量不高于0.5%，以提高毛衫印花时对防毡缩树脂的吸附和渗透能力，并且在预烘或焙烘时，使树脂能很好地交联成膜，不影响浮雕效果。

③ 精纺和粗纺的纯毛织物都可以采用浮雕印花加工工艺，获得特殊的浮雕立体印花效果，以稀薄组织的纯毛机织物效果最佳。对于低捻度的粗纺毛织物及华达呢等紧密结构的精纺织物不宜采用该工艺。

④ 浮雕印花糊料的选择，糊料应选择不与防缩树脂发生反应、而且在缩绒工艺中容易洗去的增稠剂，通常使用海藻酸钠。

⑤ 纺织品印花制版的要点：印花花网感光胶要进行充分曝光，以增强网版的耐印程度，延长花版寿命。若用价格便宜的尼龙丝网，当印件量大，丝网的强力就会有所下降，丝网可不必进行脱膜回收。但当印件数量较少，制版时应选用溶剂型的感光胶，印后丝网可进行脱膜回收。

⑥ 印花中刮刀的选用：对于不同花型，选用刮刀的种类和刀口截面是不同的。硬度低的圆口刮刀，刀口面积大，印花时给浆量多，印制效果好，最适合于满地花型；硬度高的刮刀，刀口面积小，给浆量少，适于点、线等精细花纹，印后图型边缘轮廓清晰。

其他浮雕印花产品的生产：选用绒布（起绒布、静电植绒布）、灯芯绒等织物进行浮雕直接印花，印花色浆中含有高浓度的胶黏剂（也可在色浆中加入有色涂料，则印花处的色泽与非印花处不同），经该色浆印花的织物经烘干，再经焙烘，由于印花部位的绒毛被压平，产生立体浮雕花纹效果（图10-2）。另一种浮雕印花产品的生产：直接在平整织物上印上含有高浓度胶黏剂的色浆，烘干、焙烘后，再对织物进行起绒或磨毛整理，由于印花处有胶黏剂存在，不易起绒或磨毛，而非印花处无胶黏剂，容易起绒或磨毛，进而得到立体浮雕印花效果。此外，还可以通过在平整织物上进行花式起毛；或通过在起绒织物上进行花式剪毛或在厚型绒面织物上进行压花等方法获得立体花纹效果。

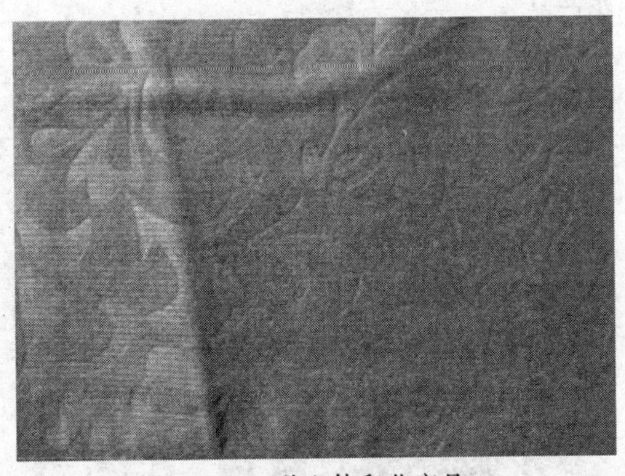

图10-2 一种立体印花产品

二、浮纹印花

浮纹印花产品的特点是具有花纹处绒毛凸出，而无花处凹陷（或平整）的立体花纹效果。下面主要介绍一种毛织物（羊毛衫）浮纹印花产品的生产加工工艺：先将含有具有抵抗防毡缩剂的色浆印制到毛织物（毛衫）上，烘干后，对织物进行防毡缩处理（此时，无花处获得了防毡缩处理效果），再经水洗、缩绒处理（印花处缩绒，而无花处由于进行了防毡缩处理，不发生缩绒），这样就形成有花处绒毛凸出，而无花处凹陷（或平整）的另一种效果的立体花纹织物，该类印花产品与浮雕印花纺织品的效果正好相反。其印花工艺要求类似于浮雕印花。

羊毛衫浮纹印花工艺过程：衣片→洗油→印花（印制抗防毡缩浆，包括：抗防毡缩剂及增稠剂，也可加入适量涂料，类似于防染印花的防染印花色浆）→防毡缩整理（未印花处进行防毡缩整理，印花处由于抗防毡缩剂的存在，未能实现防毡缩整理）→水洗、缩绒（印花处的抗防毡缩被洗去，印花处不具有防毡缩能力，在水洗处理过程中发生缩绒，印花处绒毛凸起，而未印花处，由于进行过防毡缩整理，缩绒处理对其表面无影响，表面仍然保持光洁、平整）→脱水→烘干→得到浮纹印花羊毛衫。

图 10-3　羊毛织物浮纹印花产品

图 10-3 为一种羊毛织物浮纹印花产品。

三、织物泡泡纱印花

1. 泡泡纱印花的原理和特点

印花泡泡纱纺织品也是一种凹凸不平的立体印花纺织品。织物上的泡泡纱效果主要可以通过两种途径获得，一种方法是采用机械的方法获得，如在织布时由于经纱张力不同，或使用不同收缩率的纱线进行织布，得到泡泡纱效果，这种泡泡纱效果单一，仅为条形泡泡纱；另一种方法是采用化学的方法，获得泡泡纱效果。图 10-4 为两种泡泡纱产品。

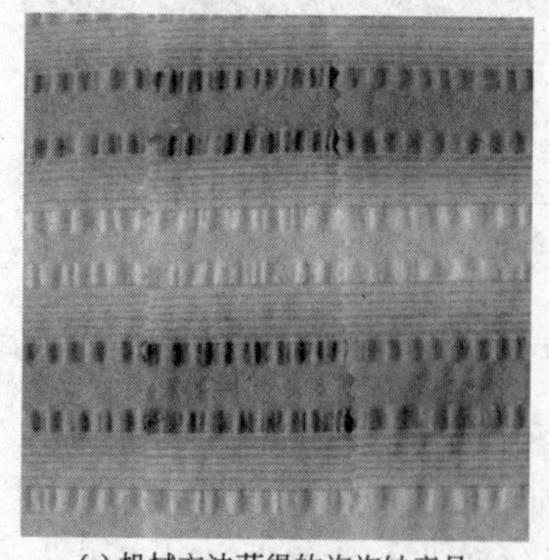

(a) 机械方法获得的泡泡纱产品

(b) 化学方法获得的泡泡纱产品

图 10-4　一种泡泡纱产品

印花泡泡纱纺织品就是采用化学的方法，将含有强烈收缩剂或膨化剂、或拒水剂和相适应的增稠剂调制成色浆，并以花纹图案的形式印制到织物上，从而引起织物的印花处发生剧烈收缩或膨胀，进而使得无花处也发生相应剧烈变形，在织物上产生凹凸不平的立体感花形，这种立体花纹效果可以变化无穷，不受限制，这种印花纺织品称为泡泡纱印花纺织品。由上述可知，要获得泡泡纱印花效果，关键是要选择一种能够使印花织物的纤维发生剧烈膨化或收缩的助剂，使织物上局部的底布发生不同程度地物理变化，从而获得织物表面凹凸不平的立体花纹效果。

泡泡纱印花纺织品可通过两种方式获得，一种方式是在织物上印上收缩剂，对于棉织物可印浓烧碱，并松弛，使印花处剧烈收缩，从而获得一种效果的泡泡纱立体印花织物。另一种方式是：将拒水剂印制在织物上，然后将织物浸在收缩剂中进行松式收缩（对于棉织物可浸在浓烧碱溶液中），使无花处发生剧烈收缩，有花处由于拒水剂的存在，收缩剂（浓碱）对印花处不起作用，印花处织物不发生收缩，从而形成另一种凹凸不平的泡泡纱立体印花效果；这种立体印花产品上的花纹图案，随织物干、湿状态不同，而发生动态变化，这是由于印花处拒水，印花处的色泽不随织物干湿状态变化而变化，而无花处包泽随织物干、湿状态不同而发生变化。不同印花方式、不同助剂、不同工艺可生产出不同效果的泡泡纱织物。泡泡纱印花织物花纹形状不受限制，立体感强，该类纺织品广泛应用于各类服装面料。

2. 纯棉织物泡泡纱印花工艺

织物原料不同，性能不同，选用的膨化或收缩剂不同。选用膨化剂（收缩剂）除了考虑应对纤维有良好的膨化效果之外，还需要考虑成本、污染、味道以及将来是否容易洗去等，对于纤维素类产品，最常用的收缩剂为烧碱。图 10-5 为一种纯棉泡泡纱印花产品。

图 10-5　一种纯棉泡泡纱印花产品

（1）纯棉泡泡纱印花色浆组成

35％　NaOH（收缩剂）	600mL
印染胶	400g
总量	1000g

（2）工艺流程　印花、松弛→松式烘干→水洗→酸中和→水洗→烘干。

3. 锦纶织物泡泡纱印花工艺

(1) 锦纶织物泡泡纱印花色浆 (g)

间苯酚 (膨化剂)	200
印染胶	340
龙胶	370
锌盐雕白粉 (消除间苯酚造成的色泽)	50
表面活性剂	40
总量	1000

(2) 工艺流程　在锦纶织物上印制“泡泡纱”的反应剂为间苯二酚或苯酚，用量为 15%～20%。糊料用印染胶或阿拉伯树胶或与合成龙胶的拼混糊。印花后用常压松式汽蒸5～10min，或在 130℃ 干热焙烘 2～3min。图 10-6 为一种锦纶泡泡纱印花产品。

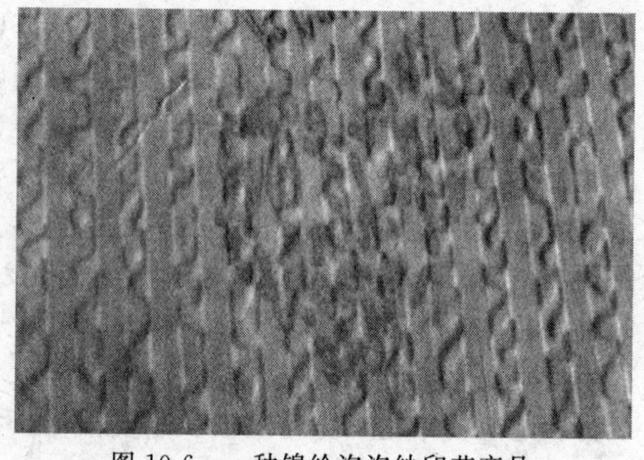

图 10-6　一种锦纶泡泡纱印花产品

4. 涤纶织物泡泡纱印花工艺

(1) 涤纶织物泡泡纱印花色浆 (g)

间甲酚 (膨化剂)	200
印染胶 (1∶1)	340
龙胶 (1∶1)	74
树胶 (1∶2)	296
锌盐雕白粉	50
非离子型表面活性剂	50
总量	1000

(2) 工艺流程　印花→干燥→130℃松式汽蒸 20min→水洗。印花浆中的锌盐雕白粉的作用是消除间甲酚造成的色泽。图 10-7 为一种涤纶泡泡纱印花产品。

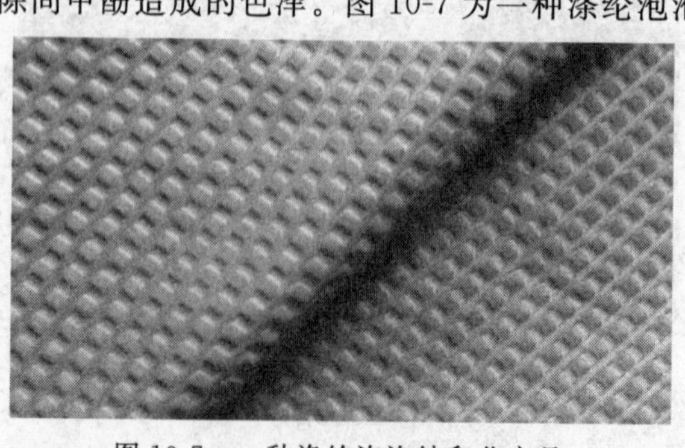

图 10-7　一种涤纶泡泡纱印花产品

5. 聚丙烯腈纤维或二醋酯纤维织物泡泡纱印花工艺

(1) 聚丙烯腈纤维或二醋酯纤维织物泡泡纱印花色浆（g）

二甲基甲酰胺（DMF）	350
硫二甘醇	100
羧甲基纤维素	70
水	480
合成	1000

(2) 工艺流程　印花后于40～50℃的条件下，松弛悬挂2～3h后干燥，然后进行水洗。

6. 泡泡纱印花织物印花的技术关键问题

① 依据织物原料不同，性能不同，选用的膨化剂或收缩剂不同。膨化剂或收缩剂选择的条件为：使处理的纤维能发生剧烈收缩或膨胀，本身无毒、无味、易洗去，不影响织物的手感、光泽、强力和色牢度，而且成本较低等。

② 准备印花的织物不能进行定型处理，对于棉织物不应进行丝光处理，这样能使织物局部遇到收缩剂（如浓碱）时，剧烈收缩，进而获得立体感强的泡泡纱印花织物。

③ 泡泡纱印花织物印花后，不能像透明印花，拉幅烘干，而是应松弛一段时间，使印花部位充分收缩或膨胀，并采用松式烘干（松弛悬挂烘干）。

第十一章
仿真印花

一、仿真印花简介

前面介绍的仿珍印花是通过选用特殊的印花材料，使印花织物表面获得具有珠光宝气的光芒，“珍”意为璀璨的珍宝。而本章介绍的仿真印花是指通过印花的方式使印花产品的花型具有很好的逼真感，“真”意为外观图案逼真，国外称漆印印花。它是通过使用特殊的印花色浆，使印花织物表面获得具有某种物质逼真外观的印花方法，如在深地色织物上印制出仿蛇皮、鳄鱼皮、虎皮、麂皮等仿真印花，在浅地色织物上印出逼真的仿植物印花，如仿树皮、仿茎、仿叶、仿花等。仿真印花产品具有新奇、独特的特点，它是技术和艺术的结合品，可作为高档服装面料和装饰材料。图 11-1 为仿豹纹印花产品，彩图 9 为仿植物印花产品。

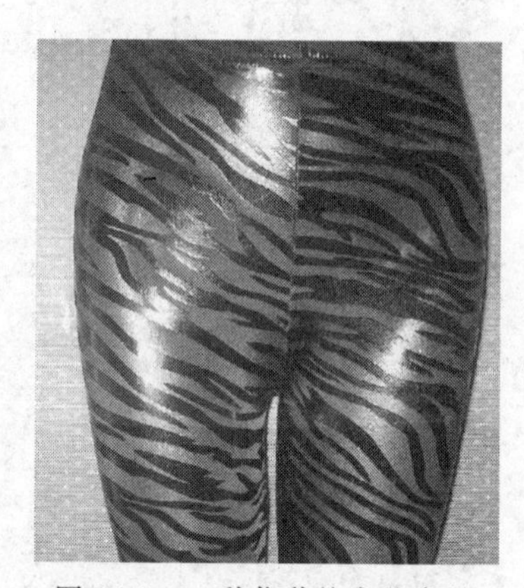

图 11-1　一种仿豹纹印花产品

二、仿真印花色浆的特点

① 优异的遮盖力，能在深地色、黑色织物或牛仔布上印花，具有类似于拔染印花的效果。

一般在深地色织物上印浅色花，需采用拔染印花工艺方法，但拔染印花存在工艺路线较长，工艺复杂，控制难度大，设备占地面积多，成本高，浪费大等缺点。虽然直接印花的最大优点在于简便实用，印花成本低，但一般不适宜在深色织物表面印制浅色花纹，这是由于花纹的色光会受到底色色光的影响，而造成色变或色光萎暗。而仿真印花所使用的印花色浆为罩印浆，其具有优异的遮盖力，能在深地色，如海军蓝、黑色织物、牛仔布上印花，产品具有类似于拔染印花的效果。仿真印花的工艺与常规涂料印花工艺相同，只不过印花色浆中加入了一种遮盖白涂料，其作用为：降低底色对印花色浆中有色涂料色光的影响。20 世纪 80 年代，涂料罩印作为一种特殊的印花技术开始流行。罩印可以分为罩印白（遮盖白）印花和着色罩印印花两种。它与普通涂料印花的主要区别在于：印花时，在织物表面均匀地印上了一层能遮盖地色的涂料，遮盖住织物表面原来的色泽，同时又能给予织物所需要的各种颜色。如：彩色罩印浆由高浓度的白涂料、彩色颜料色浆以及混合胶黏剂这 3 种组分混合而成，其中高浓度白涂料在织物表面主要起遮盖地色的作用，颜料色浆在织物表面起着色的作用，混合胶黏剂把颜料固着在织物上，起着提高色牢度的作用。这种彩色罩印浆遮盖力较好，着色鲜艳，并且织物手感柔软，牢度可调整，印花操作方便，不堵网。

② 优良的成膜性，膜层要柔软、滑爽、有弹性和光泽。

③ 对色涂料相容性好，织物印花后有很好的牢度，不易堵网，设备易于清洗。

④ 耐光、耐热、耐老化、不泛黄、不变色，并且应有良好的机械稳定性和贮存稳定性。

仿真印花最关键的技术问题就是提高涂料的遮盖能力，下面介绍涂料的遮盖力及其遮盖力影响因素。

三、涂料的遮盖力及遮盖力影响因素分析

涂料的遮盖力通常是指在织物表面刮印一层均匀的涂料膜，使织物表面呈现另一种色泽，而织物原来的表面色泽被遮盖住，同时又给予织物所需的各种颜色的能力。涂料的这种使织物地色不能透过涂料膜的能力，称为涂料的遮盖力。

提高涂料遮盖力的主要途径是提高涂料罩印浆中白涂料的遮盖力，即提高钛白粉（二氧化钛）的散射能力，而钛白粉散射能力与其粒度分布和其分散性有关，提高涂料的遮盖力应控制钛白粉的粒度分布，并使其具有良好的分散性，应尽量提高粒径在 0.23μm 的高纯度钛白粉的量，从而达到提高白度和遮盖力的目的。下面分析影响遮盖力的因素。

当光从一种折射率低的介质中射入另一种高折射率的介质时，在这两种介质的界面处，一部分光经过折射进入后一种介质，而另一部分光则在界面处发生反射，这使得后一种介质变为不透明，就起到了一定遮盖作用，这两种介质的折射率相差越大，这种遮盖效果就越显著。当光照射经过两个折射率相同的介质时，

不发生折射，这时光全部从第一种介质进入第二种介质，介质就呈现透明状态。因此遮盖力与材料折射率有很大关系，光的折射率关系如图 11-2。而折射率又与材料的结构（包括粒径大小及其分布等）有很大关系，如图 11-3。

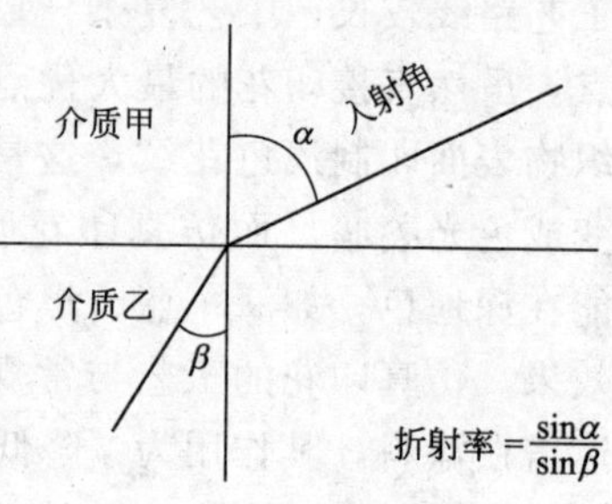

图 11-2　光的折射率

钛白粉作为一种具有遮盖能力的白色涂料，其遮盖性与钛白粉的结构有很大关系，表 11-1 为两种结构的钛白粉的物理性能。由表 11-1 看出，不同结构的钛白粉，物理性能不同，折射率高的金红石型二氧化钛的遮盖力高于折射率低的锐钛型二氧化钛。

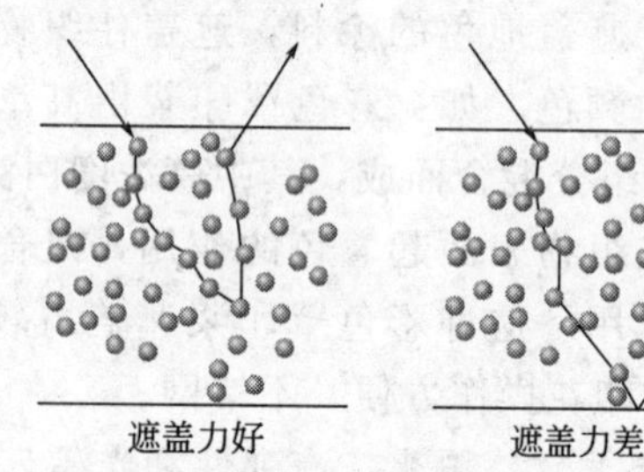

图 11-3　不同结构、不同粒径分布材料的遮盖力

表 11-1　不同结构的钛白粉颜料的物理性能

物理性能	TiO_2（A）（锐钛型）	TiO_2（B）（金红石型）
相对密度	3.9	4.20
折射率	2.52	2.71
遮盖力（PVC20%）	333	414
着色力	1300	1700
紫外吸收率/%	67	90
反射率/%	94～95	95～96
TiO_2含量/%	95～98	92
最佳粒径/μm	0.20～0.25	0.30
平均粒径/μm	0.15～0.25	0.25～0.40

表 11-2 列出了不同种类白色颜料的折射率及其相对遮盖力。遮盖力是以金红石型二氧化钛颜料的遮盖力为 100 计，其他白色颜料的遮盖力均是与金红石型二氧化钛白色颜料相对比后得到的相对遮盖力。

表 11-2　不同种类白色颜料的折射率及其相对遮盖力

颜料	折射率	相对遮盖力/%
金红石型钛白粉	2.71	100
锐钛型钛白粉	2.52	82

续表

颜料	折射率	相对遮盖力/%
硫化锌	2.37	35
立德粉	1.84	31
氧化锑	2.09～2.29	25
氧化锌	2.02	21

从表 11-2 可以看出，白色颜料的结构不同，性能不同，折射率不同，其遮盖力就不同。金红石型钛白粉折射率最大，其遮盖力最好。此外，为了提高遮盖力，被着色基料上还必须有足够数量的具有高遮盖力的白色颜料。

四、仿真印花涂料罩印胶浆的组成

涂料罩印是在地色织物上罩印涂料色浆。地色染料的选用：根据织物原料选择适宜的地色染料，同时还需要考虑印花质量、染色成本等因素，如：印花织物为纯棉织物，地色染色可选择染色牢度高的直接染料或活性染料（K 型、KN 型、M 型等）、还原染料等，有时也可选用冰染料；涤纶织物则选用高温型耐升华的分散染料染地色。

涂料罩印白浆是由钛白粉、胶黏剂、分散剂、增稠剂及其他助剂组成。仿真印花一般都在深地色上进行印花，所选择的彩色浆应具有遮盖力强，并能与弹性透明胶浆拼混使用的特点，进而使所印织物花型既具有一定厚度的立体感，又有柔软滑爽和弹性感，浆膜在使用过程中不能断裂。根据织物的印花效果可使用弹性胶浆和一般胶浆，各类胶浆中又可分为白胶浆和彩色胶浆。弹性透明胶浆，可以用于弹性织物涂料直接印花，能在白地色织物上得到着色鲜艳、有弹性的花型，并且皮膜柔软、舒适，使织物获得不同于普通涂料直接印花的特殊手感与风格。此外，弹性透明胶浆印花还可以用于薄型纺织品的仿烂花印花工艺中，形成酷似烂花印花的透明图案。

彩色印花胶浆主要组成（%）：

胶黏剂乳液（聚丙烯酸酯共聚物类或聚氨酯类，保证牢度）	40～45
增塑剂（苯二甲酸酯类，使轮廓清晰）	15～20
乳化剂（提高色浆稳定性、调制合适黏度）	3～5
分散剂（提高色浆稳定性）	1.5～2
稀释剂（调整黏度，使花纹轮廓清晰）	适量
钛白粉（提高胶浆遮盖性及印花处的白度）	10～15
填料（提高胶浆遮盖性及印花处的白度）	15～25
其他添加剂	适量

五、涂料罩印工艺流程及工艺条件

工艺流程：直接印花→烘干→焙烘热处理→轧光（必要时）。

一般深地色罩印，采用高温型（140～160℃）焙烘工艺，焙烘温度的选择与使用的交联剂、胶黏剂的结构有关，焙烘温度过高，超过130℃后，随着温度的提高，罩印的白度明显下降，因此，色浆中选用的胶黏剂最好选用低温型胶黏剂。同时焙烘温度对涂料罩印遮盖效果也有很大影响。因此，必须选择合适的焙烘温度，同时为了增加花型光泽，焙烘后，还可进行轧光整理。

六、几种仿真印花产品

1. 仿桃皮绒印花

仿桃皮印花是运用进口的桃皮专用浆（或加涂料），通过印花后达到表面手感和外观酷似桃皮的效果。桃皮浆遮盖力很强，适合大块面积印花，该印花浆还具有不露地、不堵网的特点，可在平网和圆网上印制，图11-4为一种仿桃皮绒印花产品。

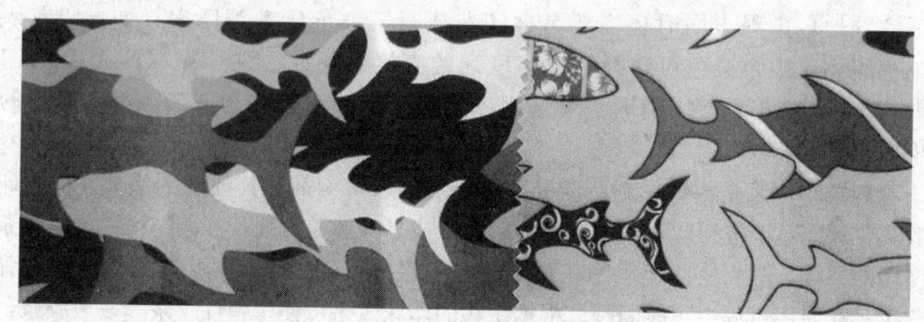

图11-4　一种仿桃皮绒印花产品

2. 仿皮革印花

仿皮革印花是将仿皮革浆和涂料色浆印在织物上，通过烘干、焙烘后达到仿皮革的手感和外观。仿皮革浆具有良好的弹性和遮盖力，图11-5为仿豹纹皮革印花产品和仿蛇皮皮革印花产品。

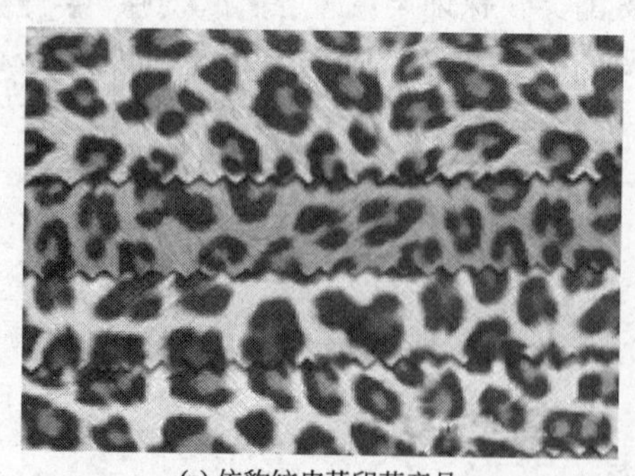

(a) 仿豹纹皮革印花产品

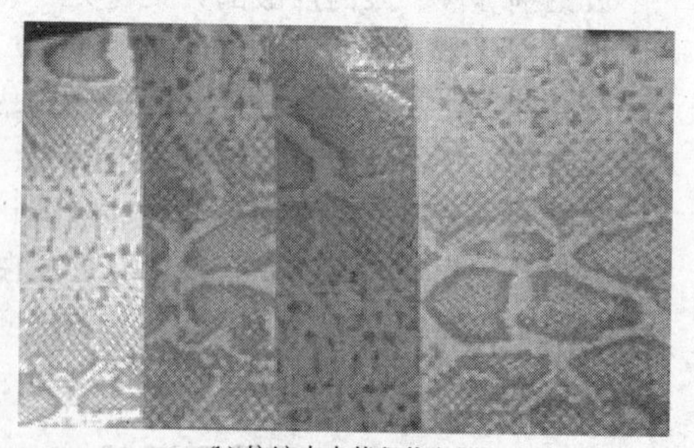

(b) 仿蛇皮皮革印花产品

图11-5　一种仿皮革印花产品品

3. 仿丝绒印花

仿丝绒印花采用金银丝绒浆印在织物上，再经烘干、焙烘，可获得丝绒般的绒感和光泽的印花产品，图 11-6 为仿丝绒印花产品。

图 11-6　一种仿丝绒印花产品

七、仿真印花技术难点及注意问题

① 仿真印花色浆可选择彩色胶浆和透明胶浆拼混使用，色浆要求遮盖力强，与其他助剂相容性要好。印花烘干后，成膜应柔软、透明，有弹性，使印花织物光泽好，牢度好、手感柔软，花形处浆膜不龟裂、不脱落。因此印花色浆组成及其用量选择很重要。

② 为保证色牢度，印花后热处理的条件也很重要，需使浆膜牢固地固着在织物上，必要时，可进行轧光以提高织物的光泽。

③ 仿真印花在织物上印制的浆膜必须有一定的厚度，因此，花网制作应注意：感光胶比其他普通印花花网要厚一点，感光胶的黏度也应稍大些，以便印花花网在刮印色浆受到较大力时不变形，但花网上感光胶厚度应适当，太厚会出现脱胶现象。

第十二章
消光印花

一、消光印花产品特点

光泽印花是在光照条件下，有花纹的地方有强烈的光泽，而无花纹处，光泽弱；相反在光照条件下，无花纹处有强烈的光泽，而有花纹处，光泽弱，这就是消光印花产品（deluster printing fabric）。该产品是通过将二氧化钛或含二氧化钛的涂料白 FTW 之类的消光剂调成的印花色浆印制在光泽强的缎纹或斜纹丝绸、人造棉、有光泽的合成纤维、或经过轧光整理的织物上，或印制在仿麻、仿绸、仿羊皮等整理的底布上，从而获得局部有光（无花处）和局部无光（花纹处）的印花织物，即消光印花纺织品。消光印花必须是在光泽较强的织物上（如缎纹丝绸、轧光织物上）印制含有消光剂的花纹，进而在有光的环境里，该类印花织物呈现若隐若现的无光花纹。

消光印花色浆中由于含有强遮盖能力的二氧化钛之类的消光剂，并且其与一般涂料的相容性较好，由此可以提高一般涂料的罩印遮盖效果。使消光印花织物印花部位与未印花部位的效果截然不同，进而在有光的环境中，织物呈现若有若无的无光花纹，在视觉上产生别致的反差效果。例如在浅绿色的有光织物上印制中绿色的消光竹叶花纹，远看起来，真有点“龙吟细细，凤尾森森”的意境。对纯棉或涤棉混纺织物，也可以预先通过耐久性的光泽整理，如轧光、电光等，然后再进行消光印花，同样可以获得幽雅恬淡的效果。

消光印花通常适合用于在缎纹、斜纹的丝绸、人造丝及有光的化纤织物上印制小面积消光花纹。若选用无光织物进行消光印花，首先需将无光织物进行耐久光泽整理（如轧光、电光、摩擦轧光等整理）后，再采用消光印花。消光花纹与普通印花效果不同，消光印花处的花纹对织物底布有很强的遮盖力，使织物上的织纹隐蔽，在织物上形成局部有光、局部无光、若隐若现的效果，而普通印花无此特点。消光印花纺织品可用作各类服装面料、装饰用品等。

二、消光印花工艺

消光印花与常规涂料印花工艺相同。消光印花的花纹可以为白色消光花纹，也可以为有色消光花纹。有色消光花纹的色浆是由消光剂和有色涂料组成。

1. 消光印花色浆处方

（1）处方A（mL）

胶黏剂	400
涂料白FTW（含二氧化钛50%）	300～400
交联剂EH	30
催化剂$MgCl_2$	10～15
总量	1000

（2）处方B（g）

二氧化钛	150～200
胶黏剂	300～400
交联剂FH	20～100
乳化糊	适量
总量	1000

2. 消光印花工艺流程及工艺条件

采用涂料直接印花工艺，其工艺流程为：有光（或经耐久光泽整理）白色织物或有色织物进行印花→烘干→焙烘（120～140℃，3～5min或160℃，1.5min，或180℃，1min）→（平洗，尽量不洗）→轧树脂→焙烘（165℃，1.5min）→拉幅→防缩→成品。

三、消光印花注意事项

其中二氧化钛亦可用涂料白FTW代替，它含二氧化钛50%，在一般涂料印浆中加入二氧化钛100g/L，就可达到有色消光效果。胶黏剂可采用丙烯酸酯类共聚型胶黏剂，其不易泛黄。

第十三章 气息印花

一、气息印花特点

特种印花不同于普通印花，经特种印花的纺织品能给人以视觉、触觉和嗅觉的享受，香味印花纺织品能给人们带来嗅觉和视觉的享受，可以使织物上的花与其味很好地吻合，如玫瑰花织物就具有玫瑰的花香，该类印花织物好像具有气息，人们穿着印花织物就仿佛置身于这种花的境地，所以气息印花又称为香味印花。香味印花是将含有挥发性香味物质或香味微胶囊和树脂的印花色浆印制到织物上，然后进行适当后处理，使香味树脂固定在织物上，得到具有香味的印花纺织品。香味印花纺织品的香味应与其花的类型一致，如桂花图案的印花布，其香味剂应选用桂花香精，并应考虑释香速率，提高香味的耐久性。香味印花纺织品可用做服装、手绢、装饰用品等。

二、香味印花原理

香味印花色浆中必须使用香味剂，香味剂是一种可以挥发出具有特殊香味物质的助剂，因此，该类产品具有特殊的香味，但当香味剂挥发完毕后，织物就没有香味了，为了延长织物的留香时间，延长留香寿命，目前香味印花采用缓释压敏微胶囊新技术，把香味剂作为囊芯包埋在囊膜内，制成香味微胶囊，囊膜可为开口型，或本身为封闭型，但遇摩擦可开孔。将这种香味微胶囊加入涂料色浆中进行印花，香味微胶囊被色浆中的胶黏剂粘着在织物上，通过焙烘与纤维交联，牢固地固着在织物表面，在服用过程中能慢慢释放香味分子，目前效果好的香味印花织物香味释放可以达到6个月以上。因此，香味印花是运用特殊香味助剂，使该类印花产品具有特定的香味。这种印花产品不仅使人在视觉上获得美的享受，而且在嗅觉上得到愉快的满足。香味与花的种类应一致，或印制出具有自然界其他气息的印花产品，如具有森林气息、松脂气息等，人们穿着这类有气息的印花产品，就仿佛置身在大自然百花丛中，使人身心愉悦，产生回归大自然的感觉。

三、香味剂类型及提高香味寿命的措施

1. 香料的剂型

香料的剂型包括液体状、粉体状及微胶囊状等剂型。

2. 提高留香寿命的措施

香精一般为油性物质，若直接印在织物上，容易产生油斑，而且香味分子容易挥发，导致留香时间短。为了延长留香时间，一定要延缓香味分子的挥发，提高香味产品的留香寿命。提高留香寿命的措施如下所述。

① 增大香味分子的分子量，在香精中加入定香剂，阻止香味分子挥发，从而延长留香时间。

② 将香味分子作为囊芯材料，包裹在囊膜内，制成半封闭的微胶囊，或制成经摩擦能开孔的封闭型微胶囊，进而延长留香时间。半封闭型芳香微胶囊，因为连续不断地释放香味，故香味停留时间不如封闭型，仅能几个月，耐久性稍差。全封闭香味微胶囊，如能在摩擦挤压后，囊壁破裂出小孔，释放出香味，故能更好地延长留香时间。

③ 制成膨胀性微胶囊，此类微胶囊在外界条件下，如受到光辐射或其他热源加热时，微胶囊体积膨胀，囊壁上出现微型小孔，香味剂等挥发性囊芯材料通过膜孔向外扩散，而当外界环境回到原来条件时，微胶囊恢复到原来封闭状态，由此产生的受控制性能，达到了自适应外部环境的智能效果，可使留香时间更长，有的香味保持时间达1～2年以上。

④ 在织物上，适当增加香味剂含量，也能达到延长留香时间，但会增加印花成本。目前大都采用全包覆芳香微胶囊印花，织物在穿着过程中产生的摩擦、挤压，使囊壁破裂释放出香味，但若囊膜强度很好，摩擦囊膜也不破裂，香味分子释放不出来，则不具有香味。因此，香味微胶囊的制备工艺很重要，微胶囊囊膜强度应合适。

四、香味印花工艺及技术

1. 微胶囊法

(1) 香微胶囊组成（份）

香精　　　　20～40

树脂　　30～60

乳化剂　　0.1～3

(2) 香味微胶囊色浆组成

香料微胶囊β（如环糊精包香精微胶囊）	适量
涂料	1～5份
尿素	10～25份
胶黏剂、交联剂	适量
增稠剂	适量
总量	100份

(3) 工艺过程

印花→低温烘干

2. 溶剂法

印花（树脂与溶剂混合均匀，再将香精加入到其中，剧烈搅拌，最后加入调好的涂料色浆，搅拌均匀，制成印花色浆）→烘干。

3. 粉末法

(1) 色浆调制　树脂与溶剂混合均匀，再将香精加入到其中，剧烈搅拌，脱气，浇铸成薄膜，干燥、粉碎，制成含香精的粉末，将其加入到调好的涂料色浆中，搅拌均匀，制成印花色浆。

(2) 工艺过程　印花→低温烘干。

4. 喷洒法

用喷花用的手喷枪将香料与树脂的混合液喷散到织物上，然后低温烘干。

五、香味印花工艺中应注意的问题

香味印花色浆中加入的胶黏剂和交联剂应为低温型高反应性助剂，可在低温烘干时发生有效交联反应，提高微胶囊的固着牢度，并防止微胶囊破裂。同时注意印制的花的种类需与香味相吻合，即若印制的是玫瑰花，香味剂应选择玫瑰香精，这样使印花效果更加逼真；此外，涂料可选择特殊涂料，如变色涂料、发光涂料等，使产品档次进一步提高。适当提高香精含量，香味会加重，留香持续时间将会延长。

六、香味印花产品的应用

香味印花产品深受广大消费者欢迎，其可应用于服装、床单、手帕、袜子、围巾等多种纺织品上。目前，香味印花的概念，随着时间的推移，香味印花已推展为“气息印花”，已不只是单纯追求产生香味的效果，其中也包含着产生多种大自然的气息，如各种鲜花的气息、森林气息、松脂气息、豌豆花的气息等。这些气息的特点与大自然气息相似，令人心旷神怡，有置身于大自然的感觉，因此，此类印花又称为气息印花。

微胶囊由囊芯和囊膜组成，囊芯除了选择香味剂外，也可以是染料、功能性助剂等，这样获得香味印花效果的同时，还可获得其他多功能整理效果，如获得防蚊、抗菌防臭、蓄热保温、防毒、防雾、防水、抗污、防油等功能效果。若微胶囊囊芯包裹具有驱虫功能的有机油性药物，制成功能微胶囊，将其印在织物上，可以生产出一种具有驱虫功能的印花产品，利用微胶囊囊膜的阻隔作用，可以延长功能助剂的释放时间，并且达到提高助剂在织物上的黏合力及水洗牢度等目的。同时利用微胶囊囊膜的阻隔作用，使不相容的不同助剂先制成微胶囊，然后再混合在一起，同时整理到织物上，进而达到一次整理，却获得多功能的整理效果，因此，这种微胶囊技术具有大大缩短加工工序，降低加工成本，提高产品质量和档次，以及节能、减少环境污染的优点。

第十四章 蜡染印花及扎染印花

第一节 蜡染印花

一、蜡染印花特点及其应用

蜡染在我国民间的应用至少已有近 2000 年的历史。蜡染是中国的一门古老传统手工工艺。据考证“丝绸之路”出土的南北朝时期的蜡染产品中不但有棉织物，还有毛织物。唐代的蜡染以丝织物为主要材质，大量用作装饰屏风，除了供宫廷和普通家居陈设的需要之外，还用作馈赠友邦的外交礼品。蜡染是利用蜡的拒水性，将其作为一种机械防染剂，首先在织物上印制蜡或手工绘蜡，待蜡冷却，采用一定的方式使织物上的蜡破裂，产生自然的龟裂——冰纹，接下来再进行染色。染色时，织物冰纹处染料能够上染，而有蜡之处，染料不能上染，从而获得一种具有独特纹路的花纹效果，这种无重复性、多变化的花纹效果产品就是蜡染印花产品。真正的蜡染产品上有许多无规则的冰纹花纹图案，也叫蜡纹，这些蜡纹就是区别真蜡染产品和仿蜡染产品的标准。任何仿蜡染织物设计进去的“蜡纹”都是有规律可循的，而真正的蜡染织物是很难寻找出完全相同的蜡纹。蜡染产品不仅具有服用价值，而且具有较高的鉴赏价值。蜡染是美术与化学相结合的艺术技法，是一种古老、传统的染色技术（防染印花技术）。蜡染产品在世界各地都备受人们的喜爱，其在服装、服饰、室内装饰，巾被行业，工艺美术方面都有重要的地位。在琳琅满目的印花产品中，蜡染印花产品以其特有的魅力，古朴典雅的民间风格、自然优美的特色备受人们的青睐。

二、蜡染印花原理

蜡染是民间一种传统的物理机械防染印花工艺，以蜡为主要机械防染剂。将不同比例的混合蜡熔化，在适当的温度下涂布于白色或已着色的织物上，而后根据不同花形和地色的要求，予以龟裂蜡纹处理。裂蜡纹处理过程主要凭借熟练技巧程度与经验，为了获得理想的蜡纹，裂蜡纹技术的掌握很重要。涂蜡并经裂蜡纹处理的织物接下来应在40℃以下染色，以防印花部位的蜡融化。有裂纹之处，染液即随裂纹扩散进入纤维内部，并与纤维发生牢固结合，完成染色过程。没有裂蜡纹的纤维被蜡封闭，蜡具有防染作用，保持了原来的色泽或留白，即得到蜡染印花产品。

三、蜡染工艺

1. 冰染料纯棉织物蜡染印花

(1) 工艺流程　白坯→打底→绘制图案于布面→（着色）→熔蜡和绘蜡→冷却→蜡纹处理→染色→（固色）→脱蜡→（蜡回收）→皂煮→水洗→增白→晾干或烘干→熨烫。

蜡染操作可采用手工蜡染，也可以采用现代化蜡染技术，但现代蜡染业并没有完全脱离古代的蜡染原理，改变的只是采用现代机械装置以及染化药剂来实施蜡染技术。

手工彩色蜡染有两种方法。一种是先在白布上画出彩色图案，然后把它“蜡封”后浸染，便可出现彩色图案。另一种方法是将按常规蜡染好的布漂洗干净，晾干，再在白色的地方填上所需要的色彩。

(2) 打底处方及其条件

打底处方（g/L）：

纳夫妥AS	10
拉开粉	2
30%氢氧化钠	8

打底条件如下。

① 浸轧法　在打底机上进行批量打底，一浸一轧或二浸二轧均可。轧液率控制在60%～70%之间，浸轧温度80℃。

② 浸渍法　配置打底液，把需蜡染的织物浸入30℃的打底液中处理20～30min，然后取出，脱水，烘干或阴凉通风处晾干，打底的织物若不立即进行显

色，应注意避免日光直接曝晒织物，否则色酚因氧化失去偶合能力。

(3) 显色处方及其条件

色盐处方：

35%色盐蓝 VB	20～50g/L
40～50℃温水	适量

色基处方：

色基蓝 LS	0.15～0.3g
色基桔 GC	0.7g
30%盐酸	1.3mL
亚硝酸钠	0.5g
醋酸钠	1.3g
合成	100g

显色条件：将涂蜡并经蜡纹处理的织物放在显色液中，或一边显色一边进行蜡纹处理，染色时间要根据不同染料来确定。显色条件一定要控制适宜，显色温度宜低，但显色时间不宜长。

图 14-1　一种靛蓝蜡染印花织物

2. 靛蓝染料纯棉织物蜡染印花

为了防止蜡染染色时，织物上的蜡融化，蜡染染色需选择低温型染料，除了不溶性偶氮染料外，蜡染染色还可以选择高反应性冷固型X型活性染料、天然染料，如从植物中提取的靛蓝染料以及杨梅汁和栀子黄等天然染料。适于染色的织物是能够采用低温工艺染色的材料，如纤维素类材料、蛋白质蚕丝类材料。

图 14-2　一种手工彩色蜡染的印花织物

蜡染常用浸染工艺，常温染色，将印蜡，并已碎蜡的织物于室温下放入配制的染液中进行染色。当用靛蓝蜡染时，其工艺过程为：涂蜡及经裂蜡纹后的织物进入到靛蓝染液中，浸渍 5min 后取出，在空气中氧化 5min，然后再投入染液中，浸渍 5min 后取出，重复进行 4～5 次，最后 1 次氧化时间不小于 30min。如果需要在同一织物上出现深浅两色的图案，可在第一次浸泡后，在浅蓝色花纹处再次绘蜡花，而后再浸染，即可出现深浅两种花纹。彩图 10 和图 14-1 分别为靛蓝蜡染印花产品。图 14-2 为一种手工彩色蜡染的印花织物。

靛蓝蜡纹印花织物的生产工艺：熔蜡、印蜡→冷却→裂蜡→靛蓝染料染色→水洗→脱蜡→水洗→拉幅烘干→圆网印花（印次花）→汽蒸→水洗→皂洗→水洗→上浆拉幅→轧光→成品。

四、蜡的结构性能及其与蜡染的关系

蜡染印花中，蜡的主要作用为：①首先是在染料染色时，起到防染剂作用，属于机械防染剂；②其次是由于蜡具有一定的脆性和韧性，通过裂蜡（摔蜡）产生裂纹，再经染色加工，在织物上形成精细的蜡纹。不同结构的蜡有不同的性能，蜡的性能对蜡染产品的质量有很大影响，蜡染印花技术中蜡的选择非常重要，下面介绍蜡染印花中使用的蜡的性能及其与蜡染效果之间的关系。

1. 石蜡

白蜡是一种矿物性蜡，其是从石油中提炼制成的白色半透明固体，为混合物，主要成分是直链状的烷烃类（$C_{16}H_{34}$～$C_{36}H_{74}$），熔点为48～52℃，熔程为4℃，化学稳定性好，易碎裂，作裂纹较佳，裂纹较粗犷，运笔流畅，防染性能较好，但脱蜡性差，一般不能单独使用，与蜂蜡混合使用可以提高其可挠性，使所裂蜡纹稳定；与助脱蜡剂N混合使用，不仅能提高脱蜡效果，而且可获得优美的蜡纹印花效果。

2. 白蜡

白蜡是植物性蜡，主要成分为棕榈酸和甘油的混合物，经过漂白精制而成。白蜡熔点在57～61.5℃之间，熔程为4.5℃，能产生柔软的裂纹，容易描绘，防染效果也较好，同时由于含有游离的脂肪酸，容易乳化，脱蜡性好。可以单独使用，但蜡纹清晰度不如石蜡。为了提高其蜡纹的清晰度，通常与蜂蜡混合使用。

3. 蜂蜡

蜂蜡是动物性蜡，从蜜蜂巢内提炼而成，化学名称叫棕榈酸蜂花酯，化学主要成分是脂肪族一价酸的酯类混合物，其熔点为56～61℃，熔程为5℃，蜂蜡熔程最大，单独使用就具有很好的防染性能，产生的蜡纹很精细。但蜂蜡的可挠性好，对织物的黏着力很强，不易龟裂，不易脱蜡，而且价格贵，来源较少，故除细线条花纹处应用外，一般不单独使用。蜂蜡与易形成冰纹的白蜡、石蜡相互混合使用，可形成不同风格的蜡纹。其中再加入助脱蜡剂N，不仅可使脱蜡容易，而且能得到浓淡色泽不同、层次丰富的蜡纹。

4. 助脱蜡剂N

在蜡染使用的蜡组分中，还需加入助脱蜡剂N，目的是将来蜡染后，蜡容易被去除。助脱蜡剂N的熔点为62～65℃，熔程为3℃，具有乳化性，防水性弱，防染效果差，不能形成蜡纹，不能单独使用。利用其乳化性，提高脱蜡性能，并且利用其防染性能差可得到浓色的蜡纹，改变其用量可产生层次丰富的不同浓淡色泽的蜡纹。此外，助脱蜡剂 N 通过与其他蜡混合使用，可以改变蜡的熔程，得到特殊效果立体色效应的蜡纹，因此助脱蜡剂 N 在蜡染中是不可缺少的助剂，其具有重要作用。

5. 蜡的热性能

不同的蜡（石蜡、白蜡、蜂蜡）具有不同的热性能，通常 40℃左右涂覆在织物表面的蜡层会逐渐变软。当蜡层开始变软时，蜡层易发生变化，形成的裂纹也随之变化，因此为确保形成所需的蜡纹及保证蜡纹清晰度，蜡染的染色温度必须在 40℃以下，最高不能超过 40℃。

6. 蜡的性能与蜡染效果之间的关系

蜡染效果与蜡的性能有很大关系，蜡的性能不同，获得的蜡染效果也不相同。如石蜡和白蜡容易裂纹，蜡纹效果一般都较好，裂纹较粗犷；而蜂蜡由于特别柔软，可挠性大，做小蜡纹时不够明显，大蜡纹则比较精细；助脱蜡剂 N 的蜡纹不明显，但利用这个性能可以与其他蜡混合产生浓淡色泽不同的蜡纹效果。一般将不同蜡混合使用，相互取长补短，可获得较好的蜡纹效果。根据蜡纹风格的要求，粗犷的蜡纹，则可以增加石蜡成分，细密的蜡纹则可适当增加蜂蜡的成分。

五、蜡染印花对蜡质的要求

蜡质对蜡染印花产品的效果有很大影响，在蜡染印花中蜡主要起防染作用和保证织物通过裂蜡（摔蜡）产生裂纹，再经染色加工后能形成精细的蜡纹效果。因此，在选择蜡质配方时，应根据印花方法要求来确定。生产蜡染印花织物的蜡质需具备以下要求。

① 黏附性能　蜡染印花所用的蜡应具有一定的黏附性能，能很好地黏附在织物表面，但还需考虑裂蜡、染色和脱蜡工艺易于进行，因此蜡对织物的黏附力也不能太大，并且最好不要渗入到纤维内部，否则导致裂蜡、染色和脱蜡困难。

② 脆性和韧性　蜡要有一定的脆性和韧性，韧性不能过大，否则即使弯曲度增大，也不能产生蜡纹；脆性也不能过大，否则抗张强度过低，蜡容易脱落，造成防染效果差。可以通过测试所配蜡质的可挠性来观察蜡的脆性和韧性。温度会影响蜡质的脆性，实际应用中，应根据气温及蜡纹的要求选择合适脆性和韧性的蜡，对蜡的脆性和韧性没有规定统一的数值。

③ 蜡质的熔点　所配制的蜡质熔点过高，防染效果较好，但脱蜡时也容易产生不均匀现象。熔点低的蜡质，虽脱蜡比较容易，但堆积效果差，容易渗入纤维，可挠性大，裂蜡困难，蜡纹较少。为了获得良好的防染效果，通常要求织物上蜡质要有一定的堆积效果。

④ 流动性　为印蜡要求，熔融的蜡应有适当的流动性，一定的黏度。流动性主要由蜡质的组分、温度和压力所决定，生产一般在常压下进行，因此主要考虑蜡质组分与温度。

在印蜡工艺中，对蜡质有一定的要求。由于蜡在高温条件下黏度偏低，不能适应印蜡要求。因此，熔蜡时各种蜡质的用量比例应根据印花方式的不同而调整，甚至可加入少量松脂等添加剂，以增加蜡质的黏度。制作蜡液的材料有：蜂蜡、石蜡、白蜡和松香等。生产推荐，以石蜡、松香、白蜡复配，其比例为2∶1∶1，按此比例配制的混合蜡液的渗透性、黏着性和脆性最好。

六、熔蜡与蜡绘的方法

1. 熔蜡方法及工艺条件

熔蜡时，需将蜡加热到融熔温度以上，并保持蜡绘要求的温度。熔蜡方法主要有两种，一种是水浴熔蜡法，将蜡锅放入开水浴中加热，通过开水不断升温使蜡熔化。这种熔蜡方法比较缓慢，一般渗透效果较差，但蜡的挥发少，可减少污染；另一种是直接熔蜡法，这种方法简单，把蜡锅直接放在酒精炉或电炉上加热。当蜡液温度升至大约100℃以上时（稍有轻微冒烟），蜡就熔好了。然后将熔蜡绘制（或印制）在织物上。熔蜡的温度应合适，熔蜡应充分；温度过低，化蜡不充分，蜡颗粒过大，会造成封膜不实不平；熔蜡温度高，会造成蜡中油分减少，松香脆化，蜡膜松散，黏着力变差，从而导致蜡染蜡纹不精细。此外，熔蜡时，可适当延长熔蜡液的保温搅拌时间，让气泡自然消失。避免熔蜡搅拌蜡液时产生的气泡随蜡液被涂覆于织物上。当气泡破裂（气泡容易破裂），会导致气泡处无蜡，在染色时就出现染斑。通常蜡液较稠，气泡消失较慢，故保温应不少于6h。但熔蜡温度过高，时间过长，会引起蜡油挥发、蜡质变脆，在摔蜡（裂蜡）过程中较脆的蜡就容易从布面上脱落，从而导致防染效果差，造成染斑，因此应严格控制熔蜡的温度和时间。

2. 蜡绘步骤

首先将已绘制好图案的织物钉在木框上或是平放在玻璃上，在绘蜡之前先将布的四角用胶布固定，以防蜡绘时布面局部收缩影响效果。不论采用何种方法，在绘蜡前必须保证织物平整无皱。绘蜡时应当涂覆均匀，涂完蜡之后，需仔细检查涂蜡效果，方法是提起织物逆着光线看有无未涂上蜡的空隙存在。如果没有渗透到背面，就需要在反面进行修补，以加强防染效果。作为修补蜡的温度应当更高些，低于100℃的蜡修补时经常有黏附蜡笔的情况。修补的蜡层不易太厚，以防蜡片脱落，影响蜡染效果。蜡染质量与熔蜡的温度有直接关系，绘蜡时注意蜡液的温度不能过高或过低，把温度控制在恒温状态最为理想。温度过高，蜡液流速过快，在织物表面形成的蜡膜太薄，起不到防染作用；温度过低，蜡黏度太大，蜡无法渗透纤维中，浮在表面容易剥落，同样也起不到防染作用。最理想的熔蜡液温度为稍高于100℃，有轻微冒烟即可。除了手工涂蜡，也可以使用印蜡设备，该设备类似于辊筒印花机，印花铜辊采用钢辊镀铜，印花涂蜡时必须控制花筒的表面温度和给浆装置的温度，以保证蜡质的黏度，使涂蜡均匀。蜡质的温度应根据蜡的结构性能而定，以石蜡为主要成分时，温度为70～80℃；以松脂为主要成分时，温度为90～105℃。印蜡的温度还需考虑花型，印大花型时，由于蜡液表面积增加，自然冷却速度加快，印蜡温度宜略高于小花型。印好蜡后，需经冷却，使蜡凝固，蜡液在织物上的冷却方式通常采用自然冷却、冷水冷却和冰水冷却三种。一般冰水冷却时间短，膜的脆性好；自然冷却时间长，蜡的韧性提高，蜡纹效果好；冷水冷却介于上述两者之间，也能得到较好的蜡纹效果，实际应用中可根据具体情况来选择合适的冷却方式。图14-3所示为手工绘蜡。

图14-3　手工绘蜡

七、蜡纹处理方法及其效果

印蜡或涂蜡后，织物经冷水或自然冷却，蜡凝固，然后经过蜡纹处理（裂蜡）最后进行染色。裂蜡可以采用手工方法及裂蜡设备，裂蜡设备有两种形式，一种为转笼式（间歇式正反转），一种为捏搓式，按花型要求不同，选择合适的蜡纹处理方式和设备。

蜡纹是蜡染的主要艺术特征，通过碎蜡、裂蜡来达到蜡纹效果。碎蜡就是在花纹区将织物挤压，使蜡呈现出各种不同程度的裂纹，裂纹允许少量染料进入，在织物上留下花纹，即蜡纹。通常碎蜡的方法有揉搓法、折叠法、刷染法、手助器械龟裂法等。不同蜡质的破裂难易程度不同，由蜡的可挠性来衡量，可挠性小的蜡质易破裂，蜡质冷却、龟裂后，自然会出现许多裂纹，易获得丰富的蜡纹；碎蜡还与蜡层厚薄、工作温度等有关。蜡纹的处理可根据不同的花形、色调，采用不同的蜡纹处理方法。无论采用传统蜡染，还是采用现代蜡染印花，蜡纹处理均是不容忽视的关键性工序，蜡纹的效果对蜡染印花产品质量有非常大的影响。下面介绍几种裂蜡方法。

1. 揉搓法

利用蜡本身在冷却后易脆的特点，为了使蜡纹在织物上表现细密网状冰纹，可将已涂蜡的织物泡在染液中，用手轻轻揉搓织物。此法使用的混合蜡的配蜡比例为蜂蜡：石蜡＝5∶5或4∶6。

2. 折叠法

采用折叠法处理蜡纹比较简单，使用也比较广泛，即将带蜡织物在染液中先顺经向轻轻的加以折叠，使前后、正反都折叠完全。但不能上下翻动，以防掉蜡。然后在顺织物纬向在染液中用手抓住两边向内一起挤压使它起皱，连续挤压2～3次，即可形成自然活泼的蜡纹。

3. 刷染法

将已处理好的蜡纹织物铺平展开，用漆刷蘸上染液在蜡表面进行反复刷染，也可达到染色目的。这样可以节省染液，但此法产生的蜡纹效果不如前两种变化多端。

4. 手助器械龟裂法

平直的蜡纹可用棍子或硬的竹尺压折出；放射式不规则的裂纹，可用双手在反面轻拍，或用笔杆或用手指在反面敲打即可；类似大理石的裂纹，可把布卷起来随意的扭几下，或是卷起来用手背拍几下，或是平铺在地上或桌上，用手压拍，或是在某处用指尖摩擦，或是将布置于平地的圆形、方形、网形或不规则器械上或拍或压，均可产生不同效果的蜡纹效果。

蜡纹效果与织物的品种有关，采用同样的方法碎蜡，在棉织物上产生的蜡纹比真丝织物明显，在棉织物上产生粗犷的蜡纹，而在真丝织物上产生较为精细犹如大理石似的蜡纹。

八、蜡染织物的要求

蜡染的面料多为棉、麻、丝等天然纤维为原料织成的织物，可用靛蓝等植物染料、冷固型活性染料以及不溶性偶氮染料等可在较低温度下染色的染料来染色。

由于蜡纹较细、又要求颜色深和鲜艳，所以要求织物前处理充分，织物的毛效和白度要高。若前处理毛效不好，则蜡染时织物的带液量低，染色浅。织物的毛效一定要超过12cm/30min，这样才能达到颜色浓艳的目的。而且棉、麻等纤维素类织物前处理时，需要很好地烧毛，防止长毛降低蜡膜与织物间的紧密度，降低防染效果，同时防止退蜡时大量茸毛脱落到要回收使用的松香里面，影响回收蜡的质量。

九、脱蜡与蜡的回收

主花染色结束以后，需要进行脱蜡和洗涤，以便第二次印花和后整理，一般脱蜡在绳状水洗机中进行。

在蜡染中，脱蜡与蜡的回收方法有数种，主要有沸水脱蜡法、熨斗脱蜡法、干洗法。采用不同的蜡回收方式会影响蜡染效果及蜡染成本。

1. 熨斗脱蜡法

在蜡染织物的上边和下边各垫一层吸湿性很强的纸，然后用熨斗在纸上来回移动，在高温下使织物上的蜡转移到纸上，如此反复熨烫换纸，直到干净。此法效果不太理想，也不能使蜡回收，还浪费大量的纸张。

2. 干洗法

如果织物不能采用沸煮法，则可把染色后的织物浸到某种溶剂中除蜡，例如四氯化碳或汽油等溶剂。使用这种方法可以将蜡去除得很干净，但存在刺激气味、毒性及成本较高等缺点，因此此法的应用受到限制。

3. 沸水脱蜡法

将蜡染织物放在开水中进行沸煮，边煮边翻动织物，使蜡熔化，并浮在水表面。冷却后，将浮在水表面上的蜡用勺取出，倒入干净的冷水中，熔化的蜡遇到冷水马上形成蜡片，取出晾干，得到回收的蜡，可进行重复使用。但回收后的蜡常带有较深的颜色，为了使回收的蜡变洁白，可在蜡层中加一些剥色剂去除色素。脱蜡时若因织物上涂蜡面积较大，一次沸水脱不净，还可以进行两次沸水脱蜡，直至蜡脱净为止。此外，在热水中可加入烧碱，促进脱蜡，由于烧碱可使蜡质中的有机酸类物质进行皂化，并起助乳化作用，有助于脱蜡，但回收蜡的各项性能均同原蜡有不同程度的差距，因此，为了提高蜡的回收率，最好采用中性热水脱蜡，可适当提高脱蜡热水温度，脱蜡热水温度应保持在 102～105℃，可使蜡的回收率不低于 66%。在蜡染时，既要考虑保证蜡液质量和蜡染效果，又要考虑降低了生产成本和有利于环境保护，所以对回收蜡的再利用方面，一般是将原蜡与回收蜡混合使用（34%原蜡加入 66%回收蜡），这样既充分体现了回收蜡的实用价值，又保证了蜡染产品的质量。

脱蜡后的织物还需进行皂洗、水洗。皂液中加入皂片 3～5g/L，碱剂 3g/L，皂洗后，再用清水充分水洗干净、烘干，即完成蜡染印花工艺过程。

若进行二次蜡染，可进行以上相同工序。注意蜡染产品二次印花时要防止出现漏白等疵点，一次蜡染去蜡时，一定要使布面上的蜡全部去除干净，必要时可采取高温乳化水洗或碱性乳化去蜡。蜡染印花织物根据产品的特征，在生产工艺上要经过多次染色以及印花，以达到理想的印花效果。主花和次花通常使用不同的染料进行印花加工。为了提高蜡染布的正品率，除了要控制好蜡染各工序的工艺条件外，使用的蜡染织物的质量也应严格把关，蜡染前织物应进行很好的前处理，需严格控制练漂半制品各道工序的门幅，防止纬斜，否则在印次花色时，容易造成对花不准。经过脱蜡、水洗、烘干已形成主花色的蜡染织物，印次花前必须进行整纬、拉幅，并慎重检查，确保经脱蜡水洗、整纬拉幅的半制品完全达到印次花色的花型尺寸要求。次花色印花一般在圆网印花机上进行，也可以用手工筛网印花。按以上工艺生产的产品是真蜡染印花产品，真蜡染印花产品是一种较高档次的品种，其有独特的印花效果，此外，还有仿蜡染印花产品。

第二节 扎染印花

一、扎染特点

扎染是一种古老的防染印花工艺，有悠久的历史。扎染工艺过程为：先将织物用绳、线、夹子等按一定花纹图案捆扎、缝制或夹扎（相当于先印花），然后再进行染色。染色时被困扎的部位，染料渗透性差、扩散性差，有一定防染作用，而没有捆扎部位的染料能够正常上染，在适宜染色条件下，染料能顺利地扩散进入纤维内部，与纤维发生牢固地固色。织物经扎束后，由于纤维的毛细管作用，使织物上呈现出特殊的色晕效果。可控制染液的渗透范围和深浅程度不同，从而在织物上产生各种特殊的图案的花纹效果。待染色结束，拆去捆扎的绳、线、夹子，则在织物上产生深浅不同、变化多端的神奇色晕图案花纹的扎染产品。扎染产品可以根据时代流行趋势及消费者的要求，在图案设计、色彩选择方面作出快速反应，生产出具有独特视觉感和令人惊叹的流行产品，该产品既有服用价值，又有艺术欣赏价值。经过数百年的工艺演变，扎染工艺的防染手段已有很多种，经过多次捆扎、染色，扎染产品花纹的颜色也可以变化无穷。因此，扎染产品种类繁多，风格特点随品种不同而异。目前这种古老的扎染工艺仍有极大的艺术魅力。扎染产品广泛应用于作四季时尚服饰。图 14-4为一种手工扎染印花产品。

图 14-4　一种四川自贡手工扎染印花产品

二、扎染的基本材料

1. 面料

扎染使用的面料通常为轻薄型的天然纤维或再生纤维素织物，如棉织物、麻织物、粘纤织物、天丝织物、真丝织物、羊毛织物等，该类织物的吸湿、渗透、溶胀性能好，染料容易上染。除了使用光面织物外，扎染面料也可以使用凹凸不平具有立体感的绒面织物，不局限于二维面料，进一步提升产品的档次，此类产品给人们以更好的视觉和触觉的享受。扎染效果与织物品种、规格、厚薄、吸湿性及扎捆方式等有很大关系。

2. 绳线

扎染扎捆用的绳和线在扎染印花中起到机械防染剂的作用，对其的要求主要有：有一定强度，捆扎结实，不易拉断，成本低，有一定防染效果；扎染用的绳线可以使用各种材料，如棉纱线、锦纶线、丙纶线、橡皮筋等。

3. 染色用染料

依据扎染面料的原料不同，选用适宜的染料，如棉等纤维素纤维织成的织物使用活性染料、直接染料；毛等蛋白质纤维织成的织物使用酸性染料和活性染料；此外，除了使用合成染料外，也可以使用天然染料，如栀子、茶叶、芭蕉汁等。

4. 扎染时需要使用的其他材料

捆扎时除了用绳、线外，还需要有缝衣针、钩针、夹子等；染色时使用染缸、染锅、成衣染色机等；染色后需要水洗，可在工业洗衣机中进行；最后需熨烫，需要烫整机或电熨斗等。

三、扎染的基本技法

扎染的扎结方法有多种，包括针扎、捆扎、结扎、夹扎等，为了丰富图案色彩效果，几种扎结方法可以结合起来使用。其中针扎是在白布上用针线按设计的花纹图案进行缝扎，包括扎花和扎线两项工艺，扎花处为白色花纹，其余部位为染色用染料的色泽，扎线时其内可以包扎一些石子、豆子、硬币等其他材料；捆扎是先将白色布有规律或任意折叠，然后用绳线捆扎，捆扎松紧不同，染色后出现变化多端的冰纹；结扎是将布料自身打结抽紧，打结处对染料有防染作用，依据结扎方式不同，可以得到不同效果的扎染产品；夹扎是用夹板、木夹、毛竹夹、铁夹等夹扎折叠面料，获得不同扎染效果；此外，可以采用将织物任意折皱后捆紧。

染色（包括浸渍染色和注射、喷雾染色，并可注射或喷洒适量染色助剂，包括促染剂、缓染剂等，以改变织物不同部位的染色性能，获得特殊的花纹图案），再次捆扎，再染色，可获得色泽深浅层次不同的大理石纹理的乱花等效果。

四、扎染工艺举例

1. 工艺过程

图案设计→捆扎→染色→捆扎→染色→后处理（水洗-皂洗）→拆线→熨烫等整理。

2. 染色工艺

根据染物原料不同，染色用染料不同，选择适宜的染色工艺处方及工艺条件。

① 真丝织物采用弱酸浴染色的酸性染料染色　酸性染料　$x\%$（owf），醋酸1%（owf），浴比1∶50。30℃入染，慢慢升温至80～90℃，保温染色40～50min。

② 棉织物采用低温X型活性染料染色　X型活性染料　$y\%$（owf），食盐

20%（owf），浴比 1∶50。30℃入染，分批加盐，染色 30min 后，加入 15%（owf）的纯碱，固色 30min 左右，最后经水洗、皂煮（10min）、水洗，去除浮色，拆线、水洗、烘干完成染色过程。

五、其他艺术染色

艺术染色是指蜡染、扎染、吊染、即兴手工喷染、涂鸦绘制和泼色等新兴手工工艺集群的总称。艺术染色产品能够提高产品的附加价值，使产品充分体现设计师的意图，符合个性化要求及艺术欣赏要求。

如吊染产品可以获得由深到浅，或由浅到深的柔和、朦胧渐变、和谐的视觉效果，具有简洁、优雅、淡然、段染的审美艺术效果，可形成单色、多色、自由组合，并具有边缘特殊肌理的艺术特点。吊染属于一种特殊的印染技法，需要在特殊的吊染设备中进行。吊染时，面料的一头接触染液，并上下摆动，染料吸附到纤维表面，并靠毛细管效应，沿毛细管上升，由于染料的优先吸附性，越向上染液中剩余染料越少，颜色越浅，因此产生一种由深到浅逐渐过渡的染色效果。该工艺在成衣或定长面料上应用较多，面料主要是纯棉、真丝等织物。染料主要选用活性染料、酸性染料。该工艺生产的产品具有视觉创新，能快速响应市场需求，并能与其他特种印花相结合，如植绒、电脑绣花、特种变色、发光等涂料印花相结合，生产出具有较高工艺附加值的流行时尚产品。吊染一般工艺流程为：效果图案设计→上夹→吊挂→染色→洗涤→后处理→烘干→检验→包装。

如染一件中间为白色，上端为浅绿色，下端为墨绿色的纯棉衣服，其工艺为：先在不染色处（中间部分）用皮子等卷起，并用塑料绳扎紧，接下来将整件衣服投入浅绿色的染液中。浅绿色处方：活性艳黄 S-4GL：0.8%（omf），活性金黄 S-RNL：0.2%（omf），活性蓝 S-R：0.33%（omf），元明粉：40%（omf），磷酸钠：10%（omf），在成衣染色机中染色，60℃入染，加元明粉后继续染色 20min（注意元明粉最好是溶解好后，分批加入到染液中，以防染色不匀），加磷酸钠后固色 20-30min；然后将衣服下端染色部分浸入吊染机中墨绿色的染液中进行染色。墨绿色处方：活性红 S-F3B：0.18%（omf），活性黑 S-3B：0.6%（omf），活性金黄 S-RNL：1.5%（omf），元明粉：80%（omf），磷酸钠：15%（omf），并保持衣服不断摆动，以防染色不匀，最后进行充分水洗、皂洗，完成染色，即得到预期效果。

第十五章
其他特种印花

一、涂料罩印印花

涂料罩印印花是采用直接印花的方式将涂料色浆直接印制在深地色织物上的一种印花方法，该方法可以获得酷似拔染印花的效果，因此涂料罩印花又称仿拔染印花。涂料罩印分为白罩印和彩色罩印两种，前者技术比较成熟，应用比较多；后者虽有产品上市，但常存在对地色的遮盖性不佳，以及存在与色涂料拼混时的发色性问题、织物手感问题等，尤其是大红色相经常出现失真现象，如出现原为泛黄光的大红色变成泛粉色光的红色等问题。这些问题可以通过调制合理的印花浆得以解决。印花色浆中使用优质胶黏剂，配以对颜色失真度最小的底粉，可以在深地色的织物上印制出手感柔软、牢度好的仿拔染印花织物。白罩印色浆由钛白粉、胶黏剂、分散剂、增稠剂等组成；彩色罩印色浆由硫酸铝底粉、色涂料、胶黏剂和增稠剂等组成。

目前涂料印染技术发展很快，发展了涂料染色、印花一步固色法（即涂料染色→烘干→印花→焙烘）和涂料染色（印花）整理一步法［即织物染色、印花烘干后，再浸轧树脂、防水、拒水、阻燃、涂层整理剂等，最后烘干、焙烘，完成染色（印花）整理一步法］，可大大缩短加工工艺流程，降低加工成本，符合节能减排的理念，因此，涂料在纺织品印染加工中有广阔的应用前景。

二、胶浆印花

胶浆印花工艺是将特殊的化学凝胶剂与染料高度无缝混合，调成印花色浆，染料通过凝胶介质的作用，牢固地附着在织物印花部位的表面上，形成柔软、弹性好、光亮、无黏性的凸起立体花纹图案。胶浆印花特别适合于在针织物上印花，一般可在各种深地色面料上直接印花，这些面料包括棉、麻、黏纤、涤纶、锦纶、丙纶以及各种纤维的混纺织物，也包括皮革、人造革等材料；胶浆色浆中的色料可使用荧光涂料或特种功能涂料或染料，并且可以与其他特种印花方法相结合，如与烂花印花、静电植绒印花等相结合，以提升印花产品的档次。胶浆印花工艺最大的优点是应用广泛，色彩靓丽，还原度高，该印花工艺克服了水浆印花的局限性，但其印制工艺相对水浆印花工艺复杂，成本有所提高。目前胶浆印花产品主要用于印制卡通图案，用作儿童服装。

1. 印花胶浆种类及其要求

印花胶浆品种中主要有四种，即白胶浆、透明浆、彩印浆和光亮浆。胶浆印花通常是在已经染色的各种面料上印花，依据面料的纤维组成、编织方法、印后处理、涂层材料等的不同，应选择不同的胶浆。

（1）白胶浆　包括无弹性至高弹性的各种白胶浆，此类胶浆遮盖力较好，适宜印白色或加入少量涂料调成浅色色浆。可以直接使用或适当加水调制适宜黏度，再进行印制。

（2）透明浆　透明，无遮盖力，可以加入涂料进行任意调色，并采用直接印花。也可以混入到白胶浆中，制作彩印浆或增加白胶浆的牢度、弹性、光亮度。

（3）彩印浆　遮盖力较差，牢度较好，可加入涂料调成不同色彩的胶浆，调中、浅色可以直接使用，若调深色就必须加入30%～50%透明浆，以降低涂料用量，提高牢度。

（4）光亮浆　透明，无遮盖力，高光泽度。加入涂料调色，进行直接印花，可以混入到白胶浆中，以提高亮度，也可以在印花表面罩光。

不同品种的胶浆性能不同，印花胶浆要求能印花产品获得以下性能：牢度好；成膜弹性好；皮膜表面无黏性；亮度高；遮盖力强；手感柔软。

2. 胶浆印花工艺

（1）色浆组成

① 弹性白胶浆——着色罩印浆　遮盖力强的钛白粉（注意其粒径、晶型影响遮盖性、着色性）；弹性胶黏剂，通常使用聚氨酯或聚氨酯改性的丙烯酸树脂类胶黏剂；增稠剂、增塑剂、乳化剂、分散剂等。

② 弹性彩印浆色浆组成（g）

涂料（也可用荧光涂料、特种功能涂料）	1～10
彩色透明浆	85～95
低温胶黏剂	1～3
总量	100

（2）工艺流程

印花（印花浆要有一定厚度，使印花图案立体感强、光泽好）→烘干（100℃）→焙烘（120～130℃，3～8min，温度不宜过高或过低，应采用合适温度，既能保证发生很好的交联和保证色牢度，又不影响织物性能和胶膜性能）→可轧光，以增加光泽。

三、水浆印花

水浆是一种水性浆料，水浆印花工艺是丝网印花行业中一种最基本的印花工艺。其可在棉、涤纶、麻等各种面料上印花，它的工作原理近似于染色，所不同之处在于水浆印花是将面料的某一区域“染”成花位所需要的颜色，局部着色。水浆印花工艺最大的优点是应用广泛，花位牢度好，印花成本低，不会对印花产品的手感有不良影响，保证印花产品手感柔软。水浆印花工艺局限性在于色浆遮盖力差，只适合浅地色面料上直接印花（不像胶浆印花），不适合于在深色面料上直接印花。

1. 水浆配制

水浆的主要成分是水，其余为胶黏剂、增稠剂、着色剂（染料或涂料）、乳化剂等。配制涂料水浆关键是胶黏剂质量，调制深色浆料时，应选用含固量高的优质胶黏剂，再配用可增加牢度的手感调制剂，可以保证印花产品的色牢度（摩擦牢度、皂洗牢度、搓洗牢度等）和良好的手感。优质胶黏剂聚合物颗粒的直径应控制在0.2～1μm，颗粒大小要均匀。

夏季由于天气干燥，湿度较低，水浆易出现表面结皮和堵塞花网的现象，为了降低水浆干燥速度，防止印花色浆过早干燥，可在印花色浆中加入适量的吸湿剂，保持水浆表面润湿，不结皮，一般用量为3%，吸湿剂用量太大，会影响印花产品的色牢度。此外，在印花操作过程中经常会遇到的一种情况是：刚开始印花时，印花色浆流动性很好，但通过印制一段时间后，色浆变稠，特别是在加有固色剂的色浆中，发生这种情况是因为所印的花型面积较小，浆料长时间停留在网内。浆料中的水分挥发，导致色浆黏度变大，伴随着流动性变差，通常在印浆中加入5%的氨水，便可以解决问题。

2. 化纤面料水浆印花注意问题

在化纤面料上进行水浆涂料印花时，由于胶黏剂与化纤面料结合较弱，为了获得满意的色牢度，就要增加胶黏剂用量，并加入合适的交联固色剂。但需考虑固色交联剂的反应性，固色交联剂反应性太低，反应速率太慢，起不到很好提高色牢度的效果；而固色交联剂反应太高，反应速率太快，将会损害色浆的流动性，使印花色浆过早交联，产生堵塞花网现象，同时导致产品手感变硬，因此固色交联剂的选用很重要。选用的固色交联剂应既具有良好的固色效果，又具有不影响色浆稳定性的效果。

3. 水浆印花注意的其他问题

在水浆印花中常存在色泽鲜艳度降低和凝固的问题。在配制水浆时，色浆中加入10%～15%白火油和适量乳化剂，这样可改善印花色泽的鲜艳度。当在配制好的备用水浆中加入涂料时，通常色浆的黏度有轻微地降低，但有些色料，特别是黑色，出现相反情况，色浆黏度上升，形成色浆凝固，无法正常使用。出现此问题时，可在凝固的色浆中加入适量的硫酸铵来解决此问题。

四、经纱印花

经纱印花是指在织造前，先对织物的经纱进行印花，然后与素色纬纱（通常是白色纱）一起织成织物。有时纬纱的颜色与所印经纱的颜色反差很大，结果可在织物上获得柔和、朦胧多彩的花纹图案效果。经纱印花生产需要小心、细致，经纱印花织物可以获得新颖的花纹效果。

还有一种印经印花的工艺为：假织织物（经纱与纬纱先假织）→适当前处理→印花→烘干→蒸化→水洗→固色→水洗→脱水→烘干→割去纬纱（线）→再织布→整理→成品。经纱印花可通过抽出织物的经纱和纬纱来鉴别，因为只有经纱上有图案的颜色，而纬纱是白色或素色，没有图案颜色。也可印制仿经纱印花效果，但这种印花很容易辨别，因为图案的颜色在经纱和纬纱上都会有。

五、双面印花

双面印花是在织物的两面分别印制不同的花纹图案，能获得双面印有协调图案的印花效果的织物。该印花产品可应用于双面被单、桌布、双面夹克和衬衣等产品上。

六、灯芯绒等织物的霜花印花

霜花灯芯绒是一种具有独特印花效果和较高附加值的灯芯绒产品。霜花灯芯绒产品种类多，包括单色和双色仿色拔等多种风格的产品。其中，霜花双色仿色拔灯芯绒的生产原理就是使染色灯芯绒绒条表面经过化学和物理的局部作用（氧化或还原作用，由于调制一定黏度的印花色浆，印花色浆仅作用于绒条表面），使绒条局部拔白（霜白）或满绒条霜白，也可再使绒条印上其他颜色或再次印花，其霜白部分变色而形成绒条、绒底二种色泽和具有模糊花形图案的效果。表面作用的助剂应该依据灯芯绒染色用的染料种类不同，结构不同，性能不同而定，可以选用强氧化剂，通常为高锰酸钾或次氯酸钠，破坏染色织物上的硫化染料、活性染料，或选用雕白粉等类还原剂破坏绒条上的含偶氮基的染料，使绒条部分拔白，产生绒条、绒坑两色的霜花产品。

七、纳米涂料特种印花

研究表明，在涂料色浆中添加0.3%纳米级含硅的氧化物，能改善原来色浆性能，使色浆具有更好的触变性、透网性，并增加了膜的强度、弹性、耐磨性和耐水性，从而提升印花产品质量，提高印花产品花纹的清晰度、透明度和各项色牢度。此印花技术称为纳米涂料特种印花，虽然在印花色浆中仅加入少量这种纳米级的硅基氧化物，却能显著改善印花产品性能，该纳米涂料的应用对于促进涂料印花发展起到了积极的作用，目前这种印花技术在国内外还在进一步摸索探究中。

八、影子效应印花

在白布上先印上含有不同浓度的平平加O等类非离子表面活性剂的白浆，然后一部分叠印上还原染料等印花色浆，叠印部分的染料与平平加O这类高级醇环氧乙烷型非离子表面活性剂通过加成作用形成氢键，由于氢键等的相互作用，形成染料与助剂的聚集体，起到缓染作用，降低了染料吸附上染速率，不同浓度的平平加O处，对染料速率降低程度不同，进而使叠印与未叠印处得色有显著差异，产生类似于影子的印花效果，故称为影子效应印花。

此外，可在织物上先印制含有不同浓度的促染剂白浆，然后再进行叠印彩色印花色浆，能获得另一种独特效果的印花产品，或在织物表面按一定规律先喷洒不同浓度的表面活性助剂、盐（促染剂或缓染剂等）、边角料，再向织物上喷洒不同色泽的染液，在织物上则能形成粗放型花纹图案；也可进行相反操作，即先向织物上喷洒染液，然后再立即向织物表面喷洒不同浓度的表面活性助剂、盐或边角料等，也能形成独特的花纹图案。产生具有独特的渗化印花效果或晕纹印花效果的印花产品。因此，采用一些独特的印花手段，可以获得独特的印花效果。

下面介绍一种晕纹印花。利用染料与不同助剂之间的相互作用，合理配合，产生晕纹印花效果，如选择色酚AS打底剂对棉等织物进行打底，然后使用含有适宜结构的活性染料及显色重氮色盐的印花色浆进行同浆印花，印花色浆中选用遇碱产生凝聚作用的原糊，印花后由于色浆中的原糊与打底布上的烧碱相遇，原糊发生凝聚作用，释放出一定量的水分，这使得溶解在色浆中的活性染料就渗化到花纹的外围，而显色剂重氮盐与色酚偶合反应速率快，不发生向外扩散，形成轮廓清晰的不溶性偶氮染料的花纹，而在其外为活性染料形成的晕纹，进而形成一种独特的印花效果。此印花的关键技术在于色浆中选择遇碱凝聚的原糊，可使用纤维素醚类原糊，同时色酚打底时，需加入多价离子的盐，以强化原糊的凝聚作用。具体工艺如下。

色酚打底液组成：

色酚AS	15mg
土耳其红油	10mg
30’Be的氢氧化钠	30mL
磷酸三钠	7.5mg
萘磺酸类渗透剂	40mg
总量	1000mL

印花色浆的组成：

显色盐红 TR	40g
筛选的活性绿色染料	45g
尿素	100g
纤维素醚类原糊	适量
非离子表面活性剂	适量
总量	1000g

打底→烘干→印花→汽蒸→水洗后处理，得到花纹处为红色和绿色拼成的颜色（棕色），四周有绿色晕纹。若色浆中加入3%的柠檬酸，可以阻止印花处活性染料的固色，则可获得花纹为红色，四周为绿色晕纹的花纹图案效果，因此合理选用助剂，可以获得独特的印花效果。

九、雾相印花

雾相印花又称喷雾印花，简称喷花，以压缩空气为动力，将一种或多种不同颜色的染液以雾相状态自由地喷向织物表面，并采用适宜固色条件，使染料渗透到织物的内部，或经适当渗化和混合，在松软织物上获得变幻莫测的多彩效果。工艺流程与涂料或染料印花相似，包括：喷花→烘干→焙烘或汽蒸固色→水洗后处理。以涂料为着色剂时，喷花胶黏剂要求透明度好、高温不泛黄、手感柔软和良好的机械稳定性（喷花稳定性）等特点。

牛仔裤有一种喷马骝的加工工艺方法，就是将一种拔染剂（若地色为硫化染料，拔染剂为高锰酸钾）配成一定浓度，从喷雾器中，按一定方式喷洒在服装上需要破坏地色的花纹处，最后再经还原剂处理去除二氧化锰有色物，即在牛仔裤上获得喷马骝的花纹效果。

特种印花纺织品种类很多，其通常是通过在色浆中加入具有特殊效果的材料，如具有夜光、珠光、金光、银光、反光、变色、仿钻石、消光、发泡、香味效果等的材料，或采用特殊的印花工艺方法（数码喷墨、多色微点、多色流淋），或使各种特殊印花材料和特殊的印花方法合理结合，使一种或几种特殊材料和着色剂印制在织物上，使印花产品获得不同于普通染料和涂料按传统印花方法获得的印花效果，可获得具有独特外观视觉（光泽）、触感（立体）、嗅觉（香味）等特殊印花效果。特种印花产品是技术和艺术的结合品，特种印花产品的生产不仅美化了人们的生活，而且为企业带来更大的经济价值，因此，特种印花产品有很好的应用和发展前景。

参考文献

[1] 王世杰．特种印花的实践和认识［J］．纺织导报，2003（1）：59-63.

[2] 王授伦．纺织品印花实用技术［M］．北京：中国纺织出版社，2002：152-257.

[3] 李晓春．纺织品印花［M］．北京：中国纺织出版社，2002：258-290.

[4] 胡平藩．印花［M］．北京：中国纺织出版社，2006：281-288.

[5] 陈振兴．特种粉体［M］．北京：化学工业出版社，2004.

[6] 刘治禄，吴培莲，陈一等．织物单面仿印印花［M］．上海：东华大学出版社，2008.5.

[7] 薛迪庚．服装印花及整理技术500问［M］．北京：中国纺织出版社，2008.

[8] 徐穆卿．新型染整［M］．北京：中国纺织出版社，1984.

[9] 赵涛．染整工艺与原理（下册）［M］．北京：中国纺织出版社，2009.

[10] 房宽俊．数字喷墨印花技术［M］．北京：中国纺织出版社，2008.

[11] 刘仲娟．棉织物隐形印花工艺［J］．印染，2011.37（11）：29，38.

[12] 肖志国．蓄光型发光材料及其制品［M］．北京：化学工业出版社，2002.

[13] H. Ujiie. Digital Printing of Textiles［M］. Woodhead Publishing Ltd，2006.

[14] Jan G. Korvink，Patrick J. Smith，Dong-Youn Shin. Inkjet-based Micromanufacturing［M］，Wiley-VCH Verlag GmbH，2012.

[15] Gordon Nelson. Application of microencapsulation in textiles［J］. International Journal of Pharmaceutics，2002（242）1-2：55.